U0324569

井下宽频带地震传感与采集技术

"井下甚宽频带地震仪的研制与应用开发"项目组◎编著

气象出版社
China Meteorological Press

内容简介

研制地震、应变、温度等地球物理传感器，支持大陆和海洋深部(＞1 km)的钻探，以进行活动断层的原位研究，已成为发达国家应对重大地学挑战的未来地球物理研究热点。本书的特色在于科学与技术的结合，全书从科学和技术结合的角度，论述了深井地震噪声和深井地震波理论，介绍了国内井下地震仪的技术现状，对"井下甚宽频带地震仪的研制与应用开发"项目研制的井下甚宽频带地震仪的结构与功能、传感与采集、测试与应用等方面的进展进行了系统总结。

本书可供我国从事深井观测相关工作的科研、技术人员参阅。

图书在版编目（ＣＩＰ）数据

井下宽频带地震传感与采集技术 ／ "井下甚宽频带
地震仪的研制与应用开发"项目组编著. -- 北京 ：气象
出版社，2022.2
　ISBN 978-7-5029-7744-3

Ⅰ．①井… Ⅱ．①井… Ⅲ．①井下设备－宽频带－地
震仪式传感器－研究 Ⅳ．①TP212

中国版本图书馆CIP数据核字(2022)第105470号

JINGXIA KUANPINDAI DIZHEN CHUANGAN YU CAIJI JISHU

井下宽频带地震传感与采集技术

"井下甚宽频带地震仪的研制与应用开发"项目组◎编著

出版发行： 气象出版社
地　　址： 北京市海淀区中关村南大街 46 号　　　　**邮政编码：** 100081
电　　话： 010-68407112(总编室)　010-68408042(发行部)
网　　址： http://www.qxcbs.com　　**E-mail:**　qxcbs@cma.gov.cn
责任编辑： 蔺学东　毛红丹　　　　　　　　**终　审：** 吴晓鹏
责任校对： 张硕杰　　　　　　　　　　　　　**责任技编：** 赵相宁
封面设计： 艺点设计
印　　刷： 北京地大彩印有限公司
开　　本： 787 mm×1092 mm　1/16　　　　　**印　张：** 12.5
字　　数： 320 千字
版　　次： 2022 年 2 月第 1 版　　　　　　　　**印　次：** 2022 年 2 月第 1 次印刷
定　　价： 120.00 元

前　言

《国家地震科学发展纲要(2007—2020 年)》已经把深井综合观测技术列为优先发展主题。但在井下甚宽频带地震计方面,国内还没有涉及 2000 m 以上的深井宽频带地震观测设备。面对国家应用需求,科技部批准执行了"井下甚宽频带地震仪的研制与应用开发"项目(编号:2016YFF0103400)。该项目由珠海市泰德企业有限公司牵头,合作单位是中国地震局地球物理研究所和广东省地震局。项目总预算 2779.55 万元,其中中央财政专项经费 1279.00 万元,企业自筹经费1500.55 万元。

项目的主要研究内容是解决长距离数据传输抗干扰、井下地震仪定向定位和授时及仪器锁壁/解锁、高温压和大倾角条件下可靠工作等 3 个关键科学问题,实现我国尚无可用于在千米及更深井下开展长期连续地震动信号记录的甚宽频地震观测系统的技术突破,通过优化总体设计、精化核心设计,构建具有自主知识产权的高精度、大动态范围的井下甚宽频带地震仪,在压力达 20 MPa(约 2000 m 水深)、温度达 70 ℃、倾角达 5°的环境中,实现120 s～50 Hz速度平坦、动态范围大于 145 dB 的高质量连续记录地震波形,通过改进的数字传输方法,将高保真的观测数据稳定地传输至地表,并实现井下甚宽频带地震仪的产业化。

按照主要研究内容,项目设置 5 个课题,分别为井下甚宽带地震仪总体设计及长距离数据传输抗干扰技术研究,地震仪内置装置设计及井下定向、定位和授时技术研究,保障井下传感器在高温压和大倾角条件下可靠工作的技术研究,井下甚宽带地震仪的试验与应用以及井下甚宽频带地震观测系统的工程化、产业化技术研究。

作为项目的成果之一,项目组编著了《井下宽频带地震传感与采集技术》一书,该书共 9 章。第 1 章概述了深井观测的需求、现状以及面临的挑战。第 2 章从地震噪声源出发,根据地震波理论中振幅的基本原理,从介质阻抗、体波几何扩散、软盖层介质吸收、分层反射及相消干涉与噪声振幅的关系,对深井地震噪声进行了分析和论证;以深井的结构特征为基础,对深井特有噪声的特征进行了讨论。第 3 章主要从振幅特征、走时特征、震相特征、频谱特征、波场特征几个方面对深井地震波特性进行讨论。第 4 章从摆的运动方程出发,以传递函数分析为基础,讨论了地震计、反馈地震计的原理;以采样定理为基础,讨论了数据采集器中的数字滤波技术和采样率变换技术。第 5 章分别介绍了国产井下短周期地震计(JD-2 型、JDF-1 型和 FSS-3DBH 型等)和国产井下宽频带地震计(TBV-60B 型)。

第 6 章在分析井下甚宽频地震仪现状的基础上,对井下甚宽频带地震仪的结构与功能、技术指标和测试方案进行了总体论证和设计;针对井下高温高压高湿的特殊环境,对井下地震仪核心芯体、定向定位和授时以及壳体密封等设计进行了详细的论证和设计。第 7 章在介绍现有地震有限传输技术的基础上,针对井下 2400 m 长传输需求,重点论证 RS-485 长距离传输的设计方案、传输协议及数据处理平台。第 8 章在介绍可靠性设计理论的基础上,对井下地震仪的可靠性进行了分析,重点介绍了井下地震仪可靠性测试实施的建设和测试方案的论证。第 9 章介绍了"井下甚宽频带地震仪的研制与应用开发"项目研制的井下甚宽频带地震仪样机在"祁连山冻土区天然气水合物长期观测基地"和"湖南省益阳市赫山会龙山基准站"的实验观测情况。

在本书的编写过程中,参阅了诸多地震学前辈和同行编写的论著,有些内容是得益于与他们的交谈心得,在此表示衷心的感谢。

成书之初论著的框架和内容、成稿过程中多个章节的撰写、出版前历次修改都有刘文义老师的辛勤付出,在项目执行的全过程中都倾注了刘文义老师的无私指导和帮助。研究过程中,项目组也恩承技术专家组、管理专家组和用户委员会的老师们的关怀和指点,在此致以深深的谢意。

本书引用资料众多,加之我们的经验和知识有限,一定存在不少疏漏和不足,敬请读者批评指正。

"井下甚宽频带地震仪的研制与应用开发"项目负责人　李丽
课题负责人　薛兵、杨大克、郑重、吕金水
2021 年 9 月 20 日

目　录

第 1 章
引 言

小说家对地下世界的幻想由来已久,比如 1741 年,丹麦和挪威的"文学之父"卢兹维·霍尔贝格的《尼尔斯·克里姆地下之行》;1864 年,法国的"科幻小说之父"儒勒·加布里埃尔·凡尔纳的《地心游记》;1914 年,美国作家埃德加·赖斯·伯勒斯的《地心历险记》等。在《地心历险记》里,故事的主角矿场主戴维·英雷斯和阿伯纳·佩瑞两个年轻人在用于钻探地下深处的机械设备"铁鼹鼠"的辅助下,发现地壳以下 800 km(五百英里①)的地方存在一个跟地球同心的"地心帝国"。但这些在当时还是科学幻想。

在 1962 年的《新世纪》科幻杂志上,J. G. 巴拉德宣称:"在不久的将来,最大的进步不会发生在月球或者火星上,而恰恰就在地球上,我们需要探索地球内部空间,而非外部空间。"巴拉德宣言以来,在科幻界,"内部空间"的观念经历了一系列变形,如可视化映射、内部显微成像、赛博空间。最后这个术语由威廉·吉布森在 1982 年定义,并且在 1984 年的《神经漫游者》中精彩地阐释出来。

而在现实世界中,人类虽早已统治地球,征服了高山、深海、天空,甚至登上了月球,但人类显然无法直接进入地球深处去看个究竟,甚至,不光人类没法进去,在现有技术手段下想把仪器扔下去也是天方夜谭。迄今为止,最深的科学钻探——科拉超深钻(Kola Superdeep Borehole),也只能深入 12.3 km 以下的钙镁铁(取回了玄武质的岩心——也就是说越过硅铝质上地壳,成功进入硅镁质地壳了),但这个深度其实连大陆壳的一半还没穿过。至于进入地幔、地核?更是想都别想了!地幔的厚度差不多是地壳的 90 倍。

地球上一切熟悉的事都发生在地表附近。大多数地震发生在地下几十千米。火山喷发出的熔岩也不过是在地下几百千米深处熔化。即使是需要极高温度和压力形成的钻石也起源于不超过 500 km 深处的岩石。地下深处究竟是什么?一直都是神秘未解之谜,它似乎深不可测。然而我们对地球深部的了解却丝毫不少,我们甚至知道几十亿年前它是如何形成的——虽然大多数结论还有待验证和重新发现,诸如地核是几层结构等问题。

"探讨地球问题的一个好的开始便是思考地球的质量",英国剑桥大学的西蒙·雷德芬(Simon Redfern)这样说道。1798 年,通过观察地球对地表物体的引力来估计地球的质量,地球密度首次被测出。结果发现"地球表面的物质密度远低于整个地球平均密度,所以在地球深部一定存在某些非常密集的物体"。1879 年,德国人 Emil J. Wiechert 提出双层地球模型,他认为地球里面一定有一层密度更高的东西,是个铁镍核。

科学家们依据什么推断地核始于地下 3000 km 深处?答案很简单:地震学。19 世纪,人们在研究天然地震时发现,震源会产生地下传播的体波和沿地表传播的面波。1897 年,英国

---

① 1 英里≈1.61 km,下同。

人 Richard Dixon Oldham 首先在地震图上识别出了 P 波和 S 波,拉开了用地震波研究地球内部结构的帷幕。除地震外,还有重力、地磁、应变等地球物理测量方法也是探测地球深部奥秘的利器。

地球是目前人类居住的唯一场所,为人类提供了生活必需的粮食、水、能源和矿产资源;同时也常给人类带来诸如火山、地震、海啸等灾难(董树文 等,2009)。探测地球内部的物质、结构和动力学过程,不仅是人类对自然奥妙的追求,更是人类汲取资源、保证自身安全的基本需要。

在 20 世纪的百年里地球物理学取得了辉煌的成就,而在这一领域里,特别是对地球内部各圈层结构,物质的属性与分异、调整、运移和其深层动力过程的研究却占有极为重要的地位。因为不论是金属矿产资源,还是油、气、煤能源的形成、聚集和地震与火山灾害的“孕育”、发生和发展,动力机制均必受到地球内部物质与能量的交换及其深层过程与动力学响应的制约。因此,在全球范围内对地球内部物理学和动力学研究受到各国政府和有关部门(包括国防与军事部门),特别是地球科学领域的基础研究和应用研究领域的高度重视。但有关地球深部还有很多谜题等待人类去解决。比如,地磁成因及其演化? 地球的热源? 地幔柱怎么产生? 下地幔可以发生地震吗? 等等。因此,发展新的地球物理观测理论和技术“黑”进地球,一直是人类面临的重大挑战,钻孔地震学(Borehole Seismology)就是其中之一。

1.1 深井观测的需求

井下地震观测技术,最初是为了探测可能与应变状态下岩石微破裂有关的高频地声或超微震而发展起来的。美国在二十世纪三十年代就已进行过实验室的和野外的观测实验。后来,美国海岸与大地测量局(USCGS)首先进行了地震仪的观测试验,其目标是改善远震 P 波的信噪比(冯德益,1986)。二十世纪六十年代中期,日本对地震预报研究比较重视,为了提高现有观测台网监测地震的能力,也开始着手进行井下地震观测的研究。苏联也继美、日之后在中亚建设了井下地震台网。1987 年以来,中国地震局深入开展了“深井观测的研究与井下综合工程技术的应用”,深井观测技术在中国得到持续发展。

1.1.1 地球深部研究已成为地学前沿

地球深部成为地学前沿基于以下的认识。

① 了解地球深部,特别是地壳岩石圈等固体地球圈层的结构与组成,是解决人类生存发展的适宜环境和资源充足供应等重大问题的前提和基础,对地球了解甚少,也难以深入了解月球和火星、金星等行星。

② 地质学家在地球表层找矿的面积仅占陆地的一半,而另一半是被松散沉积物和植被所覆盖的“新大陆”;即使在出露区目前勘探的深部也非常有限,突破深部“第二找矿空间”,加大深部勘查成为必然。

③ 地质灾害的营力主要来自地球内部,人类现在往往面对火山、地震的肆虐束手无策,原因是掌握不了灾害发生的内在规律,对地壳的结构和动力学过程认识肤浅(董树文 等,2009)。

“深部探测”是二十一世纪我国科技赶超世界科技先进水平的重大计划,是实现我国“上天、入地、下海、登极"大国科学规划的战略布局。

我国大陆地质构造复杂、演化历史漫长,不仅记录了小洋盆关闭、微陆块碰撞演化的完整历史,也叠加了中、新生代太平洋板块俯冲和印度板块碰撞的大陆动力学过程;有地壳最厚的青藏高原,有沿滨太平洋带发育典型的沟-弧-盆体系,有稳定的前寒武纪克拉通,还有现代仍在活动的新生造山带;矿产资源丰富,地质灾害频繁,地球动力学过程复杂,是世界地球动力学和大陆地质研究的热点领域。随着板块构造"登陆"遇到诸多科学难题,世界地球科学家已经把研究大陆形成、演化的地球动力学理论视为地球科学的前沿,竞相开展大陆动力学研究。我国具有先天的地域优势,因此,开展深部探测与科学群钻计划,创新大陆动力学理论,必将带动地球动力学、大地构造学、中国区域地质学等地学基础学科发展与进步,是我国占据国际地球科学前沿、使中国从地质大国走向地质强国的最好机遇。

"深部探测"将揭示地质灾害成灾机理和过程,重大地质灾害发生区域与深部背景,为地质灾害高精度的预警预报提供理论依据。地质灾害的营力主要来自地球内部,对地壳结构和地应力作用的了解是认识灾害发生规律的基础。地壳表面和内部发生的各种构造现象及其伴生的物理化学现象都与地应力的作用密切相关。地表的各种褶皱、断裂是地应力作用的结果。各种地下流体(石油、天然气、含矿流体、地下水)也在地应力的作用下运动、聚集,形成可供开采的资源。同样,地应力作用也造成多种地质灾害,如地震、矿震、煤瓦斯突出、岩爆、坑道突水、巷道变形、油井套损等。因此,研究地壳应力状态,对于地球动力学问题和工程应用问题都具有十分重要的意义;减轻自然灾害,保障人类自身安全也迫切需要开展深部探测,提高对地球深部的认知水平。

深井长期观测可以直接监视超高压变质带现代岩石圈地壳运动和内部物理场变化状况,研究其动力学规律,为研究大陆内陆板块造山带运动、板内地震活动以及地球物理场的长期变化,为我国资源开发、环境变化、地震地质灾害预防以及研究大陆内部岩石圈构造、地震发生机制等提供科学依据。

1.1.2 深井观测已成为研究地震的重要技术途径

地震预测的进展主要受到地球内部的"不可入性"、大地震的"非频发性"以及地震物理过程复杂性等困难因素的制约(陈运泰,2007)。构造地震的震源深度一般在 12 km 以下,孕震的物理过程和物理效应通常都很微弱,如何在地面观测就成为极其困难的事情。地震预测的需求迫使人类必须做出努力,寻找在地面观测孕震的物理过程和物理效应的方法。这就是前兆物理的地面物理测度问题。震源孕育的物理效应到底有多强?这些物理效应是怎样传播到地面上的?地面在震前观测到的物理现象有多少是真正由孕震过程引起的?这些问题是震源物理和前兆物理研究中最难、同时也是研究最不充分的问题。

几十年来,前兆物理的地面物理测度主要在声学(或中小地震活动性)、地应力、热辐射(遥感)、地形变、水化学和电磁学(包括电磁波和大地电阻率)获得一些进展,但至今所得到的结果仍是片段的、零碎的,并没有能够将从地震孕育到发震过程的全部物理效应的内容、传播方式直到地面的观测接收形成完整的信息链,换句话说,就是没有能给出破解地震成因之谜的完整证据链。地震预测遇到困难以及地震预测的可行性受到公众质疑都与这些问题相关(李世愚等,2015)。因此,迫切需要开展深井地震观测的研究。

1973 年美国肖尔兹(Scholz)等(1973)在 Science 杂志上发表了《地震预测的物理基础》一文,他们根据前人关于岩石膨胀的实验结果,提出了地震孕育的膨胀-扩散模型(DD 模型),由此预言地震前在地震的初始破裂区会出现 P/S 波速比、电阻率、水氡等多种前兆变化。但近几十年来世界上地震预测研究的实践并未证实该论文的科学性。2010 年肖尔兹又在 Science 杂志上发表了《预测之谜》的论文,指出"现在还不能预报"地震,他本人已否定了以前提出的地震预测物理基础的研究结果。肖尔兹等人以前提出的"物理基础"在科学上不能成立的主要原因是大地震和小地震发生的机理不同。大地震与小地震的不同之处在于:大地震的初始破裂发生后会有一个长时间的断层动态破裂过程,该过程使大地震的尺度很大。大地震预测的最难之处就在于动态破裂过程开始后,我们无法预测破裂会扩展到多大才会停止,因而无法预测地震的大小。在由破裂动态扩展形成的大尺度的断层面上,在初始破裂发生前,那里的应力并没有达到当地的静态破裂强度(或静摩擦限),因而那里不会出现由小岩样实验结果所预言的"前兆"。鉴于以前关于地震预测物理基础的研究结果不再适用了,我们需要研究新的大地震预测的物理基础是什么?需要研究新的观测技术是什么?需要布设的观测系统又是什么?(许忠淮,2019)。

地震机制与监测预警研究,总体局限性表现在监测以地表或浅部钻孔埋设为主,监测成果很难克服地形、地貌与环境噪声的影响。地表地震监测与预报受外界因素干扰大,地震波的真实信号已经极大衰减和变异,地震预报效果极不理想。建立深井观测系统能够克服浅部局限,其深部低本底环境在开展深地地震学及地球物理学研究中具有独特的地理优势,为地震监测与预警提供了新平台。通过地震动(包括微震)的观测研究、地震动的速度脉冲效应、地形效应研究,实现区域构造稳定评价;通过极深岩体高精度应变与应力积累的长期监测研究、岩石应力与振动耦合机制研究,开拓地震工程力学研究领域;与地表地震台相结合,利用深井"低噪干净"环境,捕捉地应变、振动、地磁等与地震有关的信号,构建地震预测信息指标体系,为地震机制研究奠定基础。因此,建立深井观测系统将为探索深地原位节理岩体应力波传播与衰减规律、完善深地岩石动力学及地震学基础理论体系及地震孕育演化发生的机理及规律提供全新的研究平台和发展契机。

深井观测是深入认识地球内部物理性质和地震孕育、发生机理,获取更为丰富科学资料的重要技术途径。在重点地区开展深井综合观测,在实验场建立更接近地震预测理论的地球物理场观测网,选择关键构造部位开展地震深钻探测,集成与深井观测有关的各类信息,建立区域地球内部动力学数值模型,是地震监测发展的长远目标。

通过深井综合观测,可以集成许多关键的地球动力学信息,比如地壳结构、地壳变形、热传递和地球内部物质循环,建立一种包括地球内部物理和化学过程的大尺度或区域的地球内部动力学模型,并且通过深井观测的各种资料的不断积累,修改和完善这种开放式模型,使其更接近地壳实际的情况,以便验证和修改我们过去假设的理论和方法。这对研究地震机理,捕捉地震前和地震后地球物理化学场的变化信息,具有重要的科学意义和现实的减灾意义。

地震发生于地壳深部,而目前有关地震的各类地球物理和化学场观测却只能在地球近地面或表面开展,这就产生了一个带有根本性的问题,基于地表观测推断的地球深部物质组成、特性、环境、地震孕育、发生、发展的物理机理和物理过程是否真正代表地下实际。这种现状,也就决定了目前关于地震机制的认识带有间接、推测和假说的成分,解决这一问题的根本途径是开展原位研究。以地震深井钻探为技术途径,通过采集深部地层样品(包括岩心、地层流体),确定原地物理参数,如孔隙压力、应力应变、温度等,开展原位综合实验;在钻孔中安放仪器进行长期观测,获取地下岩层中的多种地学信息随时间的变化,进行地震孕育、发生和发展物理机制和过程的研究。

1.2 大洋和大陆科学钻探计划

国际大陆科学钻探计划(ICDP)开展的科学钻探已逐渐成为解决地球科学基本问题的通用手段,已开展的科学钻探包括大洋科学钻探、大陆科学钻探、湖泊钻探和极地钻探。最突出的一个例子是以验证板块构造理论而闻名,历经 30 多年而不衰的国际大洋钻探计划(DSDP/ODP/IODP)。

1.2.1　国际大洋和大陆钻探计划

深海钻探计划(DSDP,1968—1983 年)证实了板块构造实际物理存在,开创了与大洋循环变化相关联的高分辨率年代学,并对除北冰洋以外的全球所有主要洋盆进行了初步的调查。由深海钻探计划(DSDP)发展而来的大洋钻探计划(ODP,1985—2003 年),在大洋中几个关键地点钻取岩心,结合其他的孔隙压力、应变、倾斜、温度等测量,实现了海底井中地震监测,最终目标是建立全球海洋地震监测网。我国自 1998 年 4 月加入这一地球科学领域规模最大的合作研究计划。大洋钻探计划钻入了洋壳更深的部位,分析了汇聚边缘及相关的流体流动,研究了洋底高原的形成、演化以及火山型被动大陆边缘,大洋钻探计划还大大增强了我们对长期和短期气候变化的认识。

以德国、美国和中国为三大发起国的国际大陆科学钻探计划(ICDP)于 1996 年正式成立,目前正在实施的国际大陆科学钻探项目有 20 项。研究领域包括板块构造、火山与地震活动、全球环境与气候变化、天体碰击与灾变事件、地热与流体系统和大陆与地幔动力学等。

1.2.2　中国大陆科学钻探工程

中国大陆科学钻探工程(CCSD)东海深井地球物理长期观测是我国开展深井地震学观测研究的第一步。该项目将通过对从钻孔中获取的全部岩心、液态和气态样品,原位测井数据的综合研究,以及地球物理、选区地址研究和地壳长期观测实验,建立 5000 m 钻孔的岩石学、流变学、地球化学、年代谱、成矿作用、流体分布剖面。东海深井地球物理长期观测站 5158 m 深的主孔内,实施了深井地震仪设置的一期工程(徐纪人 等,2009),将 4 组 8 套耐高温高压的短周期深井地震仪分别安置在 4050.0 m、2545.5 m、1559.5 m 和 544.5 m 深度处,建立了我国第一所深井地球物理长期观测站,并已投入了实验性观测。东海深井地球物理长期观测站的建立,将大大提高我国东部大陆活动断裂带及其近海海域的地震活动监测能力,为研究大陆现代构造运动特征、揭示地域岩石圈形成及演化过程提供客观的地震学证据,为丰富地球动力学的科学认知发挥重要作用(徐纪人 等,2009)。

2018 年,松科二井完钻井深 7018 m,成为亚洲国家实施的最深大陆科学钻井和国际大陆科学钻探计划(ICDP)成立 22 年来实施的最深钻井,也是全球首个钻穿白垩纪陆相地层的科学钻探井。工程攻克了超高温钻探和大口径取心等关键技术难题,获取了 415 万组 24 TB 的深部实验数据,取得多项地质科技重大突破与进展。

1.3 以地震机理研究为主要目标的钻探

近十几年来,大地震后在活动断层开展科学钻探已成为解决地震发震和断裂过程的一个重大的科学举措。1995 年日本神户大地震后首先开展了 Nojima 断层科学钻探。自此,活动断层的科学钻探计划在很多构造中广泛开展,如走滑型板块边界(美国 San Andreas 断层),活跃的逆冲造山带(台湾车笼埔断层、四川龙门山断层),正断层活动断裂区(希腊 Aigion 断层),太古宙活动断层(南非比勒陀利乌斯断层)等(谭茂金 等,2013)。

1.3.1 日本地震科学钻探

1966 年,日本在松代建立了最早的地震综合观测井,观测项目有地震、倾斜、地温、地电流、应变等(卢振恒,1982)。到 2000 年为止,日本深度为 1000～3800 m 的深井观测站就已达 22 所,并逐年增加综合地球物理深井观测的台站数目。其中取得成功经验的深井观测研究项目有伊豆半岛地震群的观测与研究、神冈矿山活断层的观测与研究等。

1)日本 Nojima 断裂科学钻探

1995 年日本西南部兵库县南部神户发生 M7.2 地震。为研究 Nojima 断层破碎带性质和恢复 Nojima 断层的发震过程、机理和地震后水文学特征的演化规律,日本在 Nojima 断层破碎带立即开始探测工程。在靠近 Nojima 断裂带的西南端分别钻探了深度为 1800 m、800 m 和 500 m 的 3 个钻孔,在井中进行了地球物理测量和岩心样品实验分析,以调查断裂带结构、断层特性和断层愈合过程。其中,500 m 孔为先导孔,用于确定断层的深度和位置;1800 m 孔为规划孔;在 800 m 孔中安装应变仪、倾斜仪、地震仪、加速度计、温度计、压力计。研究人员于 1997—2006 年,还通过向 Nojima 断层井眼重复注水来研究诱发地震和监测断层愈合过程。

2)日本南海海槽地震带钻探

日本南海海槽地震带大洋钻探自 2003 年 10 月启动,将钻穿地震断层带,在原地条件下获取断层带岩石的组分、变形微结构和物理特性。发震带这一优先研究领域是一项致力于研究断层带岩石、沉积物和流体特征的综合性多学科计划,目的是更好地理解断层带的性质和地震复发的力学机制。发震带钻探将结合地震力学研究,从发震带分析得到的历史记录、实验室测试和模拟研究。测井有助于深入了解穿越断层的原地物理条件,穿越断层布放井下观测站,将得到原地断层状态的变化,包括孔隙压力、温度、应力变化、流体化学、倾斜和应变随时间的变化。

3)岐阜县屏风山活断层深井观测

2003 年夏,东京大学、东浓地震科学研究所、名古屋大学等在本州中部岐阜县屏风山活断层附近 1020 m 的深井中,设置了当时世界最先进的包括地震、应变、倾斜、地磁和高精度地热的长期综合地球物理深井观测设备(图 1-1),并进行了不同深度的初期应力测量(徐纪人 等,2006)。结果表明,与地面观测相比较,深井观测能提高观测精度 1～2 个数量级,如地应变能观测到 10^{-10} 的极微弱变化。

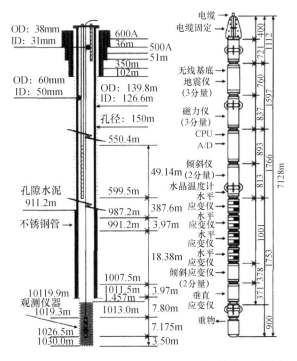

图 1-1　东浓地震科学研究所研制的井下综合观测设备

1.3.2　中国台湾车笼埔断层钻探计划

1999 年台湾集集 7.6 级地震后,有关学者立即在车笼埔断层进行了深井科学钻探计划(TCDP)。台湾车笼埔断层钻探井深 2000 m,自 500 m 开始取心,共取心 1500 m。该项目为了回答地震物理机制和物理过程有关的一些推测,进行一系列深井综合观测,观测在断层活动区域地下介质热动力条件、应力环境、断层活动的热效能转换和物质活动特征的数据(刘耀炜等,2006)。

1.3.3　美国对圣安德烈斯断层科学探测

美国从 1992 年底起在著名的圣安德烈斯断层进行的深部长期观测研究项目(San Andreas Fault Observatory at Depth,SAFOD),是一个以深井地震、地球物理观测为主的重大科学项目。其主要内容是在板块边界地震活动区域的深孔钻井内直接观测深部地球物理状态与变化。SAFOD 项目选址在沿太平洋与北美两大板块边界的圣安德烈斯断层,大地震重复发生区与无震蠕变区之间的交界地区实施。SAFOD 项目包括已经完成的 2200 m 的先导孔和 4000 m 深的主孔。其中,主孔从地面到 2200 m 深为垂直钻井,随后向地震震源区 50°转向打钻成为倾斜钻井,最终钻井深入到圣安德烈斯断层地震震源区内进行长期观测。主孔的全部工程和观测项目各划分为 3 个阶段进行,采取了钻井-观测-钻井-观测,最后钻井深入震源区内进行长期观测的独特钻孔科学研究程序。前 2 个阶段均打钻到计划预定深度后,立即进行约 2 a 的地震与流体等观测。第三阶段钻井穿进断层的震源区域,开始长达 20 a 的长期观测。长期观测的内容包括地震(宽频和加速度地震仪)、流体压力、温度、应变、倾斜等多种项目。

2001 年,美国国家科学基金会(NSF)、美国地质调查局(USGS)和美国国家航空航天局(NASA)联合发起地球透镜(Earthscope)计划。2003 年该计划获美国国会批准,为期 15 a(2003—2018 年)的探测项目预计将投入 200 亿美元,其目标是通过多学科、跨领域的研究与合作揭秘北美大陆的构造与演化。地球透镜计划包括 4 个子计划,即圣安德烈斯断层深部观测站(SAFOD)项目、美国地震台阵(USArray)、板块边界观测站(PBO)计划和合成孔径干涉雷达(InSAR)建设计划。

SAFOD 的目的是打一口穿越圣安德烈斯断裂带的深钻孔,研究断层断裂的物理化学过程,测量和查明引起断层滑动、地震和地壳变形的机制。在 SAFOD 科学钻探中,进行了广泛的井下地球物理参数测量,主要包括密度、速度、自然伽马、井径、电阻率、成像(FMI)、交叉偶极横波(X-DSI)、井斜及测井(温度测井、元素测井和水泥胶结测井)。然而,SAFOD 的目标并未完全实现。原本打算在井中放入众多观测仪器以测量断层带的各种属性,但是设计用来测量地震信号、变形和电磁场的仪器由于地下深部恶劣的条件而宣告失败。2009—2014 年该钻孔底部也仅是一个地震检波器在记录数据(Toni Feder,2014)。

1.3.4　希腊科林斯峡谷深部地球动力学实验室

科林斯峡谷是欧洲大陆地震活动性最强的地区,也是世界上分离最快的峡谷。2002 年 7月 7 日—2003 年 9 月 23 日,该计划在希腊科林斯湾的阿吉翁(Aigion)钻进了 AIG-10 井,其目标是通过向穿过活断层的井孔中安置观测仪器来研究断层的力学行为,尤其是流体对断层行为的作用和地震断裂对区域水文地质的影响。

1.3.5　南非金矿的活断层钻探

由于矿山使得研究人员到达 4000 m 深部接近断层带,可以直接测量活断层附近的应力、应变情况。南非金矿的活断层钻探(DAFSAM)的科学目标是描述地震发生前、发生过程中和地震后活断层的近场形态,开展近场地震研究、井中测量和流体注入实验。观测内容包括高精度应变、倾斜、应力、孔隙压力、位移、温度、速度和加速度,最重要的是能够在近场监测伴随着断层破裂发生这些参数随时间的变化,有助于解决长期没能很好解决的地震和破裂物理问题。

1.3.6　中国汶川科学钻探计划

汶川地震断裂带科学钻探工程(WFSD)旨在对汶川大地震和复发微地震的源区——龙门山"北川-映秀"断裂及龙门山前缘"安县-灌县"断裂旁侧先后实施 4 口科学群钻(1000～3000 m)(图 1-2)。对岩心、岩屑和流体样品进行多学科观测、测试和研究,揭示汶川地震断裂带的深部物质组成、结构、产出、构造属性;恢复地震过程中的岩石物理和化学行为(摩擦系数、流体压力、应力大小、渗透率、地震波速、矿物和化学组成等)、能量状态与破裂演化过程,深化认识汶川地震发生的应力环境、巨大的地震破裂产生原因及地下流体在地震的孕育、发生、停止过程中的作用,检验和深化理解地震断裂发震机理。完钻后,将在钻孔内安放地震探测仪器,以实现井中地震监测和提高预报能力的目的,建立中国第二个深孔长期地震观测站(徐志琴,2008)。

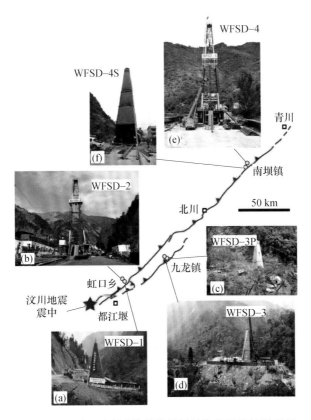

图 1-2　汶川地震断裂带科学钻探钻孔位置及钻探现场

1.4　以提高观测信噪比为主要目标的井下综合地震观测

1.4.1　日本广泛开展井下综合地震观测

　　二十世纪七十年代前后,日本在制定地震预报第二个五年计划时提出,为监视关东地区的地震活动性,拟在东京周围建立一组深井观测台网,从开始研制仪器、打井,到 1980 年 4 月全部建成,先后花费近 10 a 时间。1973 年首先在埼玉县岩槻的一口 3500 m 深井中安放了三分向短周期($T_1 = 1$ s)速度计、三分向加速度计、二分向倾斜仪及地温仪等。随后于 1977 年在千叶县下总的一口 2300 m 深井中,1980 年在府中市的一口 2700 m 深井中相继安放了与岩槻完全相同的观测仪器。井下讯号是经过前置放大,采用调频传输,通过电缆传到地面观测分析中心进行记录的。数年的观测研究表明:发展深井地震观测是十分有益的。井下比地表观测的信噪比可提高 10～350 倍(以岩槻为例),同时,在井下还观测到地面记录不到的一些讯息,为地震预报提供了新的资料。

　　1995 年阪神地震以后,以经验分析为主要手段的传统地震预测方法受到严峻的挑战,舆论对应力和深部流体测量更加重视。近年来仅在震中区的淡路岛及神户附近,在 13 个 1000 m 左右的钻孔中进行了应力测量工作,在人口密集的城市地区布设了高密度的井下形变、深井流体和井下测震台网。

1.4.2　中国井下地震观测

中国自二十世纪六十年代中期引进了美国浅井用垂直向拾震器,并开始研制适于我国的深井地震观测系统。从二十世纪七十年代中期开始对深井地震观测系统进行开发研究。研制的井下地震计有 JD-2 型、JDF-1 型和 FSS-3DBH 型短周期井下地震计,BBVS-60DBH 型、JDF-2 型井下宽频带地震计及 JDF-3 井下甚宽频带地震计等。

中国的井下地震观测台站,主要分布在北京、天津和上海三大区域台网内。江苏、河南、河北、甘肃、云南、陕西、山东、山西和四川等地区,也设置了一定数量的井下观测站,以弥补原台网的不足。井下地震观测台站已成为我国地震监测的重要组成部分,并且正发挥着越来越重要的作用。

据 2016 年统计,中国现有井下测震台 142 个,配置甚宽频带井下地震计、宽频带井下地震计和短周期井下地震计,其中甚宽频带井下地震计 16 台,型号有 CMG-3TB(14 台)和 JDF-3(2 台);宽频带井下地震计 23 台,型号有 BBVS-60DBH(16 台)、JDF-2(6 台)、GL-S60B(1 台);短周期井下地震计有 103 台,型号有 FSS-3DBH(100 台)、JDF-1(3 台)。

我国目前投入实际观测的绝大部是井下短周期仪器,发展井下宽频带、甚宽频带、超宽频带地震观测势在必行。

1.5　深井观测面临的挑战

发展深井地震观测面临的技术挑战主要有以下几个方面。

①井下地震观测技术平台与传感器系统的抗高温高压和防水耐腐蚀问题。深井不可避免存在高温高压或地下水,水下 100 m 以上大于 10 个以上大气压,必须解决平台的抗高温高压、防水和耐腐蚀问题。

②地震仪耦合问题。必须保证井管和地壳、传感器和井管良好耦合,以保证记录数据的真实性。

③控温散热问题。高温使地震仪的机械和电子器件的热噪声加大,电子设备产生的热量增加了热量的不均匀性。除了采用极低功耗电路设计外,须考虑控温散热问题。

④宽频带与仪器小型化问题。在井下超宽频带地震观测技术方面,必须研发可用于井下的宽频带系列三分向传感器。难点之一是由于井的直径有限,仪器直径必须很小。宽频带传感器要求摆系有长的自振周期,从而要求较大的体积,和井下观测平台所能提供的空间有矛盾。因而必须研制可用于井下的特殊传感器,同时满足宽频带和小体积要求。

⑤智能化问题。井下地震观测技术平台是仪器的工作舱,提供保障仪器或传感器必需的工作条件,有控温散热、耐压、密封、传感器与地壳的耦合、通信、供电、平台的置平、定向、锁定机构,需发展智能化监控系统实时监控仪器运行过程中各类状态参数和环境参数。

地球科学发展的实践证明,深井长期观测是照亮地球内部的一盏科学明灯,是人类实现地球内部探索"入地"计划的有力工具。深井观测将使地学研究直接深入到地球内部,在无地面干扰的条件下进行综合观测,具有地面观测无法达到的高精度和高分辨率。深井长期观测获取来自地球内部的真实信息,帮助科学家客观地认识地球内部结构和变化,缩短研究周期,提高研究效益,促使地球科学各学科在基础理论研究方面有新的突破,同时也为减轻地质、地震灾害等做出贡献(徐纪人 等,2004)。这将是地球科学的又一场革命。

第 2 章
地震噪声

地震学研究中,地震噪声信号是微弱震相拾取和地震解释过程中最为基础的影响因素(Kafka et al.,1979;Banka et al.,1999)。地震观测台站的一个重要挑战就是通过改善台基处理和地震仪的安装方式,降低噪声水平,提高观测质量(葛洪魁 等,2013)。

本章从地震噪声源出发,根据地震波理论中振幅的基本原理,从介质阻抗、体波几何扩散、软盖层介质吸收、分层反射及相消干涉与噪声振幅的关系,对深井地震噪声进行了分析和论证;以深井的结构特征为基础,对深井特有噪声的特征进行了讨论。

2.1 地震噪声源

地震噪声一般分为地震背景噪声和地震仪自噪声。背景噪声源包括磁场、地电场、微震、气压、风速、温度、人文环境、台站架设方式、台基的非线性干扰等。实际工作中,我们很难从地震数据中将这些噪声源区分开来,而其中绝大多数噪声源可以在记录数据时屏蔽掉,但是地震计自噪声水平只能是随着仪器电子元件的升级不断地降低。正因如此,了解地震计自噪声水平成为地震工作者们适时判定地震计工作性能的主要参数以及合理使用的先决条件。由于宽频带地震计的自噪声水平会随着仪器电子元件的老化而发生变化,所以对于广大仪器用户而言,适时地、准确地测定地震计自噪声水平越来越重要(尹昕忠 等,2013)。

2.1.1 地震背景噪声

地震背景噪声按周期从长到短可以分为地球背景自由振荡、微地动和更高频的地震噪声,目前对地震背景噪声的研究集中在反映大气—海洋—地球之间大尺度耦合的地球背景自由振荡(2~7 mHz)和微地动(0.05~0.5 Hz)上,并建立了较为系统的理论来阐述这些噪声的激发机制(Rhie et al.,2004,2006)。实际上,地球背景自由振荡和微地动都是地震台站所记录到的地面运动,由于这些运动是由天然地震以外的"震源"引起的,在以研究天然地震为主的记录上表现为需要被去除的背景噪声,因此,通常将其统称为地震背景噪声(陈斐 等,2021)。

地震观测研究显示,在没有地震的影响下仍然存在长周期的地面震动,即地球背景自由振荡,其来源最初被认为是大气的干扰,后来关于地球背景自由振荡的季节性变化以及海底压力变化谱与地震噪声谱之间的相似性等方面的研究结果表明,海洋是地球背景自由振荡的来源,Tanimoto(2005)基于此建立了海洋作为地球背景自由振荡噪声源的模型,而这里提到的微地动并非是微小地震,而是海洋活动通过海陆耦合引发的地震连续波形记录上频率处于0.05~0.5 Hz的噪声。微地动一般分为两个频带,0.05~0.08 Hz的单频微地动和0.1~0.5 Hz的双频微地动,而且双频微地动的峰值有时会分裂成两个,其中,峰值出现在

0.1～0.15 Hz频带的被称为长周期双频微地动,峰值出现在 0.18～0.4 Hz 频带的被称为短周期双频微地动。一般认为单频微地动通过海浪的破裂及其对海岸的直接影响而在浅水中激发;双频微地动则由两列传播方向相反且频率相同或相近的波列,通过非线性波-波相互作用激发,其频率是单频微地动的两倍,且其能量一般比单频微地动大得多。长周期双频微地动可能的源区有海岸或开放大洋,短周期双频微地动可能是由台站附近的重力波非线性作用所激发,但也有可能是不同源区激发的特定频率微地动的叠加造成了微地动的分裂,目前微地动分裂的机理仍不清楚。除了地球背景自由振荡和微地动,地震连续波形记录上有时候会记录到更高频段(0.4～6 Hz)的噪声,其在地震背景噪声谱上的部分被称为火鲁(Holu)谱,这可能是由局部海洋风激发的海浪与海底作用而产生(陈斐 等,2021)。

2.1.2 地震计自噪声

作为测量获取微弱地震动信号的传感器,地震计的信噪比决定了测量地震信号的真实度,也决定了地震动信号测量的下限和测量精度。地震计自噪声水平是地震计的关键技术指标。降低地震计的自噪声是当前仪器研制急需解决的重要问题。

地震计的自噪声主要有两个方面的来源(Jon,1993),一是地震计质量块-弹簧振子的布朗热噪声,这主要是由于空气分子不停的布朗运动撞击质量块和弹簧振子引起的;二是地震计的电子电路中的电子噪声(1/f 噪声),这是由流经不同元件(包括传感器线圈和阻尼电阻)的电流以及半导体噪声造成的。

1)机械摆体的布朗热噪声

由于机械摆体存在布朗热噪声,摆体对地面运动响应的分辨率会受到限制。对于一个有阻尼的二阶振荡系统,如果有一个外力 $f(t)=A_0\mathrm{e}^{j\omega t}$ 作用于摆体,重锤将偏离平衡位置而产生 x_p 的位移量(崔庆谷,2003)。其运动微分方程为

$$m_s\frac{\mathrm{d}^2 x_p}{\mathrm{d}t^2}+H_s\frac{\mathrm{d}x_p}{\mathrm{d}t}+C_s x_p=A_0\mathrm{e}^{j\omega t} \tag{2-1-1}$$

式中,$m_s\dfrac{\mathrm{d}^2 x_p}{\mathrm{d}t^2}$ 为惯性力,$H_s\dfrac{\mathrm{d}x_p}{\mathrm{d}t}$ 为阻尼力,$C_s x_p$ 为弹性回复力。该方程的稳定解为

$$x_p=\frac{1}{C_s-m_s\omega^2+jH_s\omega}A_0\mathrm{e}^{j\omega t} \tag{2-1-2}$$

令 $s=j\omega$,则机械摆传递函数为

$$H_a(s)=\frac{k}{s^2+as+b} \tag{2-1-3}$$

式中,$k=\dfrac{1}{m_s}$,$a=\dfrac{H_s}{m_s}$,$b=\dfrac{C_s}{m_s}$。

由于阻尼的存在,一方面,摆体的机械振动能量因阻尼的作用而变成热能耗散掉;另一方面,由于摆体温度并不是绝对零度,重锤周围分子热运动能量将通过阻尼部件转换为机械噪声,成为布朗噪声的来源(刘洋君 等,2013)。

可以将重锤周围的分子布朗热运动看作通过阻尼器件而作用于摆体重锤的一种力,这种外作用力的均方值的功率谱为 $P_b(\omega)$,则摆体噪声位移的均方值为

$$\hat{x}_p^2=\int_0^\infty P_b(\omega)\frac{1}{(c_s-m_s\omega^2)^2+H_S^2\omega^2}\mathrm{d}\omega \tag{2-1-4}$$

式中,由于热噪声谱 $P_b(\omega)$ 是一个与频率无关的常数,通过积分可得

$$\hat{x}_p^2 = \frac{P_b(\omega)}{4\ H_s C_s} \qquad (2\text{-}1\text{-}5)$$

式(2-1-5)就是热噪声所激发的机械位移的均方值表达式(Melton,1976)。

实际工作中的地震计总是处于相对稳定的工作状态,设此时工作环境的温度为 T_e,根据玻尔兹曼定理,整个系统宏观运动势能的平均值与微观热运动动能的平均值相等。即

$$\frac{1}{2}C_s\hat{x}_p^2 = \frac{1}{2}K_bT_e \qquad (2\text{-}1\text{-}6)$$

式中,K_b 为玻尔兹曼常数,T_e 为 Kelvin 温度。把式(2-1-6)代入式(2-1-5)得

$$P_b(\omega) = 4\ K_b T_e H_s \qquad (2\text{-}1\text{-}7)$$

$P_b(\omega)$ 即为布朗热噪声的功率谱。从上式可以看出,摆体温度越高、机械阻尼越大、布朗热噪声也越大。为减小布朗热噪声,除了可用真实的物理措施降低摆体温度之外,还可减小摆体机械阻尼。

为了使 $P_b(\omega)$ 的表达式更加具体化和定量化,继续做如下讨论。

摆体运动微分方程的特征方程为

$$m_s r^2 + H_s r + C_s = 0 \qquad (2\text{-}1\text{-}8)$$

其特征根为

$$r_{1,2} = \frac{H_s}{2\ m_s} \pm \left[\left(\frac{H_s}{2\ m_s} \right)^2 - \frac{C_s}{m_s} \right]^{1/2} \qquad (2\text{-}1\text{-}9)$$

当 $\left[\left(\dfrac{H_s}{2\ m_s} \right)^2 - \dfrac{C_s}{m_s} \right] < 0$ 时,摆体才可能发生振荡。如果定义 $\left[\left(\dfrac{H_s}{2\ m_s} \right)^2 - \dfrac{C_s}{m_s} \right] = 0$ 时的阻尼 $H_s = H_c$ 为临界阻尼,则 $H_c = 2\sqrt{C_s m_s}$。

由于摆体自振角频率 $\omega_0 = \sqrt{\dfrac{C_s}{m_s}}$,故 $H_c = 2\ \omega_0 m_s$。

令 $D_0 = \dfrac{H_s}{H_c} = \dfrac{H_s}{2\ \omega_0 m_s}$,则

$$H_s = D_0(2\ \omega_0 m_s) = \frac{4\pi\ D_0 m_s}{T_0} = \frac{2\pi\ m_s}{Q\ T_0} \qquad (2\text{-}1\text{-}10)$$

式中,T_0 为摆体自振周期,$Q = \dfrac{1}{2\ D_0}$ 为摆体的品质因素。

将 H_s 的表达式代入式(2-1-7),得

$$P_b(\omega) = \frac{\overline{F^2}}{Hz} = \frac{8\pi\ K_b T_e m_s}{Q\ T_0} \qquad (2\text{-}1\text{-}11)$$

两边同时除以 m_s^2,得平方加速度的噪声谱为

$$\frac{\overline{a^2}}{Hz} = \frac{8\pi\ K_b T_e}{Q\ T_0 m_s} \qquad (2\text{-}1\text{-}12)$$

式(2-1-12)中分子是一个常量,考察分母 $Q\ T_0 m_s$(简单记为 MTQ)。图 2-1 所示为不同 MTQ 乘积时的布朗噪声曲线,其中两条曲线是新的全球高噪声模型(NHNM)和低噪声模型(NLNM)。这两条曲线是在全球分布的 75 个数字记录台站对高噪声时段和平静时段确定的有代表性的地动加速度谱密度的累计汇编结果的上边界和下边界。这两条所谓 Peterson 曲线已经成为评估地震台噪声水平的标准。地震计的仪器噪声最好接近或者低于 Peterson 曲线中的地面背景噪声 NLNM。图中显示了 MTQ 分别取值 0.01 kgs、0.05 kgs、0.1 kgs、0.5 kgs、1 kgs、2 kgs(所取的 MTQ 值是现在常用地震计的取值)时的布朗噪声水平。可以明

显看出,当 MTQ 取值较小的时候,其噪声谱将会高于全球最低噪声曲线(NLNM),MTQ 值越大,机械摆体产生的布朗噪声水平越低。因此,MTQ 值的选择对于地震计自噪声是有较大影响的(刘洋君 等,2010)。

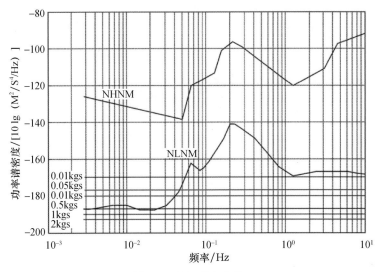

图 2-1　布朗噪声曲线

2)电子噪声

运算放大器是现代地震计电子电路设计中必不可少的电子元件,主要用于驱动放大电路、产生恒流电流源、构成低通或高通滤波电路等。这些运算放大器内部的噪声正是地震计电子噪声的主要源头(李彩华,2014)。位移换能型反馈地震计内部噪声传输系统结构框图,见图 2-2。

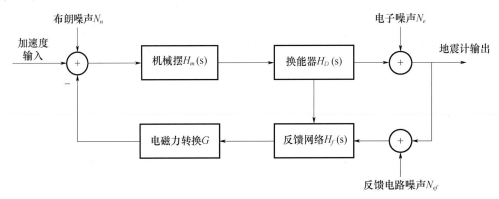

图 2-2　地震计内部电子噪声传输系统结构框图

地震计中存在两个电子噪声源,一个在换能器后续放大电路中,其电子噪声为 N_e,一个在反馈通道中,噪声为 N_{ef},则地震计输出端的电子噪声 Y_n 表达式为

$$Y_n = \left| \frac{DK}{H_m(s)} \cdot \frac{1}{1+L} \right|_{s=j\omega} N_n + \left| \frac{K}{1+L} \right|_{s=j\omega} N_e + \left| \frac{G_f(k_dS+k_f)}{m_sR} \cdot \frac{DK}{H_m(s)} \right|_{s=j\omega} N_{ef}$$

$$(2\text{-}1\text{-}13)$$

式中,$L = \dfrac{1}{H_m(s)} \cdot \dfrac{G_f(k_dS+k_f)}{m_sR}$。由式(2-1-13)可以看出,前置电路噪声 N_e 和反馈电路噪声 N_{ef} 将对地震计整体电子噪声产生较大影响。由于电子噪声主要由运算放大器产生,因此,电

子噪声也具有低频噪声高、高频噪声低的特点。

图 2-3 给出了在地震计中应用较为广泛的 OP97 型低噪声低漂移运算放大器在中频和低频段的电压和电流噪声曲线。由图可见,两类噪声曲线的特征是在中频段上平直,在低频段上上翘。两类噪声谱密度在低频段的上翘是由电子器件的 $1/f$ 噪声引起的。显然,由于地震计的工作频段大约为 0~100 Hz,正是 $1/f$ 噪声危害最为剧烈的频段(何彦 等,2006)。

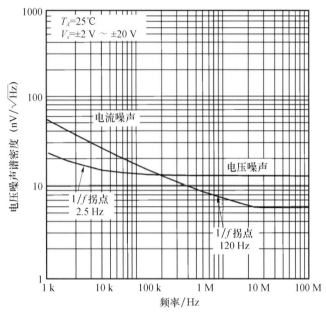

图 2-3　OP97 的电压和电流噪声

2.2　噪声模型及计算方法

对地球噪声模型的研究开始于 1959 年,以 Brune 和 Oliver 提出了高、低测震背景位移曲线为标志(图 2-1)。高、低测震背景位移曲线对评估和对比台站特性、规定仪器参数和预测仪器在不同环境下的响应提供了参考标准(刘炜健 等,2021)。

图 2-4 中,3 条点线对应于由 Brune 和 Oliver 公布的最大、平均和最小测震位移曲线,虚线给出了在美国观察到的两个极端例子,实线给出了在距离交通繁忙 15 km 人口密集区的基岩上的欧洲站的地震噪声波动极限。

1980 年,Peterson 开展了地震观测台系统(SRO)和简易地震观测台系统(ASRO)地震台的不同频段背景噪声的研究工作,计算得到低噪声模型(LNM),之后的高噪声模型(HNM)则是利用位于海岸和海岛上的 SRO 台站数据计算而得。为了改进高、低噪声模型,Peterson 通过筛选和计算全球 75 个测震台站的背景噪声功率谱密度(PSD),于 1993 年提出了新的全球噪声模型——新高噪声模型(NHNM)和新低噪声模型(NLNM)。图 2-5 是新的全球高噪声模型(NHNM)和低噪声模型(NLNM)。

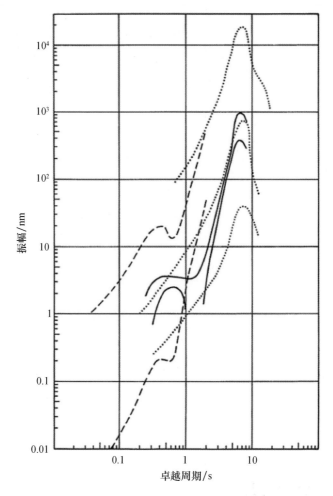

图 2-4 Brune 和 Oliver 提出的高、低测震背景位移曲线（Willmore, 1979）

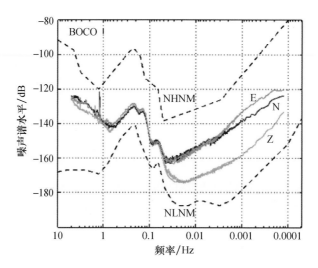

图 2-5 Peterson 噪声曲线和 IRIS 的 BOCO 台的噪声水平
（短划线表示 Peterson 高噪声模型和低噪声模型）

2000 年以后，评估测震背景噪声的方法继续得到发展，McNamara 等在 Peterson 的基础上分析了美国大陆的背景噪声水平，提出了概率密度函数（Power Density Function，PDF），此方法省去了数据筛选工作，直接利用功率发生的概率在频率域的分布反映测震背景噪声特征，可以更高效全面地描述背景噪声特性（刘炜健 等，2021）。

2.2.1 噪声谱

在地震学中，谱分析的重要任务之一是计算地震背景噪声的功率谱，这是对给定场地噪声定量化最标准方式。类似于标准振幅谱的定义，在假定背景噪声是平稳过程的情况下，我们同样需要一个不依赖窗长度且在离散形式下还与采样率无关的平均功率谱。周期函数的功率谱 P_n 定义为（Kanasewich，1973）

$$P_n = |F_n|^2 = \frac{a_n^2 + b_n^2}{4} = \frac{A_n^2}{4}, \quad -\infty < n < \infty \tag{2-2-1}$$

式中，F_n 为谱系数，a_n、b_n 为傅里叶系数。

频谱分析和平稳随机信号可以通过一个叫"巴什瓦（Parseval）定理"的公式联系起来。巴什瓦定理为

$$\sum_{-\infty}^{\infty} |x(t)|^2 \mathrm{d}t = \frac{1}{2\pi} \sum_{-\infty}^{\infty} |F_x(\omega)|^2 \mathrm{d}\omega = \sum_{-\infty}^{\infty} |F_x(2\pi f)|^2 \mathrm{d}f \tag{2-2-2}$$

式中，$F(\omega)$ 是 $x(t)$ 的傅里叶变换。

巴什瓦定理说明信号的能量（或者平均功率）无论在时域看，还是在频域看，都是一样的，即傅里叶级数形式的平均功率与时间级数形式的平均功率相同。

$$\sum_{n=-\infty}^{\infty} |F_n|^2 = \frac{1}{T} \int_0^T (x(t))^2 \mathrm{d}t \tag{2-2-3}$$

如果在时间窗 T 中有振幅为 A_n 和频率为 ω_n 的正弦波，则平均功率是

$$\frac{1}{T} \int_0^T A_n^2 \sin^2(\omega_n t) \mathrm{d}t = \frac{A_n^2 T}{2T} = \frac{A_n^2}{2} \tag{2-2-4}$$

使用式（2-2-3）需要对两项 F_n 和 F_{-n} 求和，因为根据巴什瓦定理，应在所有频率上求和，于是

$$总功率 = |F_n^2| = F_{-n}^2 + F_n^2 = 2\frac{A_n^2}{4} = \frac{A_n^2}{2} \tag{2-2-5}$$

这与式（2-2-4）相同，计算的都是平均功率。

离散傅里叶变换（DFT）是计算谱的最常用方式。因为谱往往被计算为 F_n^{DFT}，振幅功率谱可计算为

$$P_n = |F_n^{DFT}|^2 \frac{\Delta t^2}{T^2} \tag{2-2-6}$$

如果只考虑正频率，则有

$$P_n = 2|F_n^{DFT}|^2 \frac{\Delta t^2}{T^2} \tag{2-2-7}$$

地震噪声被认为是稳态的，所以，使时间窗长些应给出同样的结果。但是，如果我们使时间窗加倍，功率谱值 P_n 的个数也加倍。然而，由于平均能量相同，在每个 P_n 的平均能量便减半，结果谱水平将减半。为了得到一个恒定值，我们必须使用功率密度谱（PSD），并且式（2-2-7）必须乘以 T。这样，功率密度谱定义为

$$\frac{1}{T} X_n^2 = \frac{1}{T} |\Delta t F_n^{DFT}|^2 \tag{2-2-8}$$

再次只考虑正频率,地震功率谱密度P_n^d必须按下式计算

$$P_n^d = \frac{2\Delta t^2}{T} |F_n^{DFT}|^2 \tag{2-2-9}$$

把噪声谱表示为功率密度加速度谱$P_a(\omega)$已成为一种约定,通常以参照值为$1\left(\dfrac{m}{s^2}\right)^2\Big/\mathrm{Hz}$的分贝(dB)数表示。这样噪声水平的计算公式为

$$噪声水平 = 10 \times \lg\left[\frac{P_a(\omega)}{(1(m/s^2)^2/\mathrm{Hz})}\right]\mathrm{dB} \tag{2-2-10}$$

2.2.2 自噪声测试

目前被国内外科学家认可的主要的测试方法有 Holcomb 双台法和 Sleeman 多台法。

1)Holcomb 双台法

Holcomb 双台法采用两台传递函数完全一致的地震计做测试(图 2-6)。

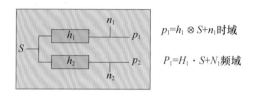

图 2-6　Holcomb 双台法示意图

(S 表示地震计输入信号;h_1和h_2分别表示地震计 1 和地震计 2 的传递函数;

n_1和n_2分别表示地震计 1 和地震计 2 的仪器固有噪声;

p_1和p_2分别表示地震计 1 和地震计 2 的信号输出)

P_1、H_1、S 和N_1是从频域来描述该系统。

图 2-7 给出了 Holcomb 双台法的公式推导过程。从最终结果来看,地震计的自噪声与地震计的传递函数有直接关系,知道了两个地震计准确的传递函数,就可以有效地测量地震计的自噪声。

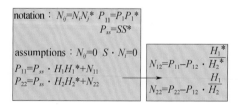

图 2-7　Holcomb 双台法公式推导

2)Sleeman 三台法

Sleeman 三台法是在 Holcomb 双台法的基础上,多加了一台地震计参与比测(图 2-8)。

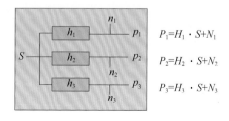

图 2-8　Sleeman 多台法示意图

图 2-9 和图 2-10 给出了 Sleeman 三台法的公式推导过程。

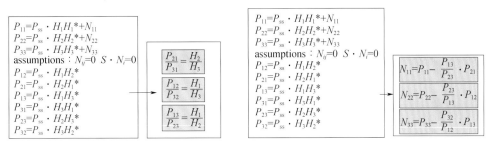

图 2-9 Sleeman 三台法公式推导 1　　　　图 2-10 Sleeman 多台法公式推导 2

从图 2-9 可以得出,地震计的传递函数只是影响互谱密度的相对增益。

从图 2-10 可以得出,地震计的自噪声功率谱密度(PSD)只需要 3 台地震计的输出信号就可以算,与 Holcomb 双台法比,不需要得到地震计的传递函数,也可以有效地计算地震计的自噪声。

2.2.3 深井地震仪的噪声谱

1)CMG-3TB 地震计

江苏地处沿海地区,沉积层较厚,地面干扰相对较大。"十五"项目改造中,Guralp 公司生产的 CMG-3TB 三分向宽频带井下地震计被普遍使用,使用台站一度到达 12 个。胡米东(2013)利用溧阳台、南通台等台站观测数据,对 CMG-3TB 进行了地动噪声速度功率谱密度计算(图 2-11)。各台站背景噪声满足新皮特森地动加速度高噪声曲线 NHNM 和低噪声曲线 NLNM 模型。2 个台站水平向和垂直向在高频段的各项数据相差不大,表明台站附近不存在高频震动干扰源。

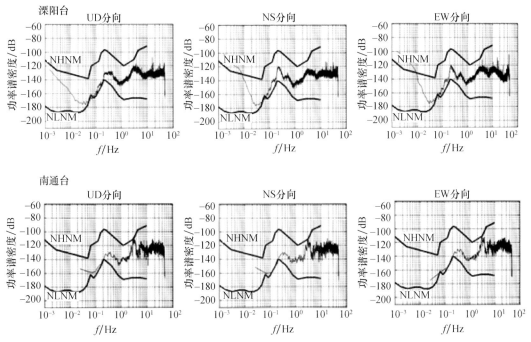

图 2-11 CMG-3TB 地噪声功率谱曲线

2）BBVS-60DBH 宽频带地震计

赵县地震台 2016 年架设地表地震计，与深井地震计并行观测。地表及深井地震计均采用 BBVS-60 宽频带地震计，深井地震计安装深度为 260 m。朱音杰等（2017），利用赵县台深井及地表地震计三分向资料进行了地动噪声速度功率谱密度计算（图 2-12）。

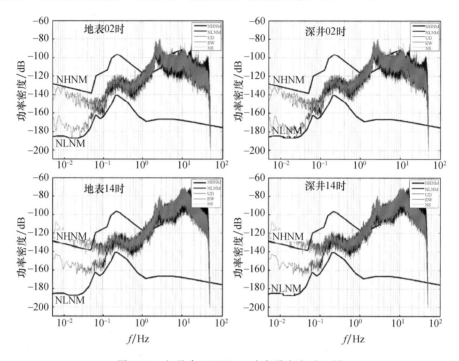

图 2-12　赵县台 BBVS-60 功率谱密度对比图

从图 2-12 可以看出，井下地震计功率谱密度均小于地表地震计功率谱密度。具体表现如下。

①在高频段地噪声功率谱密度，白天 14 时井下比地表低约 20 dB，夜晚 02 时井下比地表低约 10 dB，主要原因是人为活动主要发生在白天的地表区域，干扰振动从地表传输到井下经过土层介质过滤，高频部分衰减较大，所以在高频部分井下观测明显优于地表观测。

②在长周期频段内，井下观测优于地表观测，说明土层介质对长周期振动也有一定抑制作用，但不是特别明显。

③在短周期频带内，井下和地表观测差别不大，而井下地震计在 1～2 Hz 范围内比 NHNM 高约 10 dB，在一定程度上影响到近震记录的数据质量。

3）FSS-3DBH 短周期地震计

为深入研究井下观测对降噪的作用及基岩地区井中观测的效果，中国地震局地球物理研究所于 2011 年在云南普洱大寨布设一口深约 410 m 的井，并在地表和井深 375 m 处分别配置了同一型号短周期 FSS-3DBH 地震计，响应频带范围为 0.5～50 Hz，两个深度的观测记录由同一 6 通道 24 位数据的 EDAS-24IP 采集器采集。利用 2011 年 9—12 月期间大寨深井及地表地震计三分向资料进行了地动噪声速度功率谱密度计算（图 2-13）。结果显示该井下台站对 1 Hz 以上的高频噪声具有明显的压制效果，最高能降低 40 dB，其降噪能力优于其他井下台阵，推断与该台站附近的场地条件有关（王芳 等，2017）。

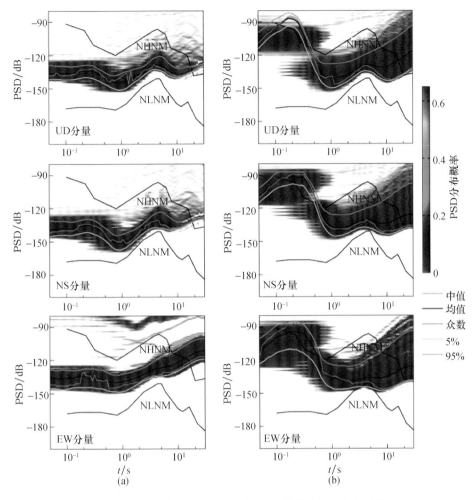

图 2-13　大寨台井下(a)和地表(b)三分量的概率密度函数

2.3　深井地震噪声理论分析

不同的研究者对深井噪声本质的看法有很大的分歧。例如,Douze(1966)把噪声解释成不同振型的瑞利波的组合,Gupta(1965)则用压缩驻波的观点解释噪声的基本性质。Douze(1964)也曾把地震噪声的本质解释成体波和面波的叠加,而且各类波的不同组合与不同频段相对应。Zoltana 分析了在格雷普瓦深井中不同深度上的 4 台三分向仪器的观测结果,证实地震噪声系由一组瑞利波振型所组成,也有不同振型的勒夫波存在(冯德益 等,1990)。李凤杰等(1989)根据地震波理论中振幅的基本原理,分析讨论了介质阻抗、体波几何扩散、软盖层介质吸收、分层反射及相消干涉与噪声振幅的关系,导出了解析表达式。下面分别进行介绍。

2.3.1　介质阻抗与噪声振幅的关系

由波动理论可知,波动在完全弹性介质中传播无能量损耗,且波动的能量和振幅的平方、

频率 ω 的平方以及介质密度 ρ 成正比,即

$$E = \rho\tau A^2 \omega^2 \sin^2 \omega\left(t - \frac{x}{\upsilon}\right) \tag{2-3-1}$$

定义能量密度 ε 为单位体积内的波动能量,则有

$$\varepsilon = \frac{E}{\tau} = \rho A^2 \omega^2 \sin^2 \omega\left(t - \frac{x}{\upsilon}\right) \tag{2-3-2}$$

式(2-3-1)、(2-3-2)中,x 为波动传播距离,υ 为波速,A 为振幅,τ 为体积单元。由上面各式可见,波动能量和能量密度都是一个变量。对于简谐波,能量密度的平均值为

$$\bar{\varepsilon} = \frac{1}{2}\rho A^2 \omega^2 \tag{2-3-3}$$

由于波动的能量是在介质中迁移,故有必要引入能通量的概念。由波动理论可知,平均能通量 $\bar{P} = \bar{\varepsilon}\upsilon S$,故有

$$\bar{P} = \frac{1}{2}\rho A^2 \omega^2 \upsilon \cdot S \tag{2-3-4}$$

式中,S 为垂直于波动传播方向的横截面积。故其能通量密度(即乌-玻矢量)I 为

$$I = \frac{\bar{P}}{S} = \bar{\varepsilon}\upsilon = \frac{1}{2}\rho A^2 \omega^2 \upsilon \tag{2-3-5}$$

在不考虑波动传播过程中的能量吸收和散射的情况下,在波动传播方向上的平均能通量和能通量密度 I 是不变的。故有

$$A = \frac{2I}{\omega} \cdot \frac{1}{\sqrt{\rho\upsilon}} = A_1 \cdot \frac{1}{\sqrt{\rho\upsilon}} \tag{2-3-6}$$

对噪声振动而言,式(2-3-6)中的 ρ 和 υ 分别为介质密度和波速,ω 为噪声角频率,$A_1 = \frac{2I}{\omega}$ 为噪声振幅系数。式(2-3-6)表明,噪声振幅与介质阻抗 $\rho\upsilon$ 的平方根成反比。覆盖层很厚的平原地区,地表层介质阻抗随深度增加的梯度很大,所以噪声振幅也随深度明显变小(图 2-14)。图中 A_a 为地面振幅,A_h 为井下振幅;远源噪声指在 500 m 内无机动车行驶时的噪声。

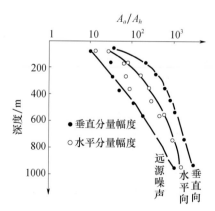

图 2-14 噪声随深度的变化

2.3.2 噪声振幅与体波几何扩散的关系

将噪声振动作为点源振动的叠加,噪声源所发出的振动波的能流密度 I 随距离 r 的增加而减少。若假定 $r \gg \lambda$ 的条件近似得到满足,则对于噪声中的体波,其振幅与 r 成反比,即为

$$A_1 = A_2 \cdot r^{-1} \tag{2-3-7}$$

式中，A_1 为式(2-3-6)中噪声振幅系数，A_2 为考虑了散射后的振幅系数，λ 为噪声波长。

2.3.3 软盖层介质吸收

松软介质类似低通滤波器，噪声振动在软盖层中向下传播时，必因内摩擦而造成损耗，即噪声能量被介质的内摩擦所吸收。

介质的内摩擦系数，即黏滞系数为 η，并设有一平面横波 SH 波（为讨论方便，只讨论 SH 的情况），其在 y 轴上的位移为 μ，沿 x 轴传播，如图 2-15 所示，则波动方程为

$$\frac{\partial \sigma_{xy}}{\partial x} = \rho \frac{\partial^2 \mu}{\partial t^2} \tag{2-3-8}$$

式中，σ_{xy} 是 y 轴上的切应力，作用在 yz 平面上。

将软盖层视为一完全弹性介质和黏滞性介质的组合。噪声在完全弹性介质传播时符合胡克定律，应力 σ_1 与应变 e 成正比，$\sigma_1 = \mu e = \mu \dfrac{\partial u}{\partial x}$；对于黏滞介质，应力与应变速度成正比，$\sigma_2 = \eta \dfrac{\partial e}{\partial t}$。将两项合并，即为 $\sigma = \sigma_1 + \sigma_2$，故有

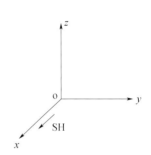

图 2-15　SH 波位移及传播示意图

$$\partial_{xy} = \mu \frac{\partial u}{\partial x} + \eta \frac{\partial^2 u}{\partial x \partial t} = \mu \left(\frac{\partial u}{\partial x} + \tau \frac{\partial^2 \mu}{\partial x \partial t} \right) \tag{2-3-9}$$

式中，μ 为介质弹性系数，$\tau = \dfrac{\eta}{\mu}$ 为应变弛豫时间。将式(2-3-9)代入式(2-3-8)，则波动方程变为

$$\frac{\partial^2}{\partial x^2} \left[u + \tau \frac{\partial u}{\partial t} \right] = \frac{\rho}{\mu} \frac{\partial^2 u}{\partial t^2} \tag{2-3-10}$$

若取 u 为时间和空间的谐振函数，则位移可表示成 $u = u_0 e^{jx \left(t - \frac{x}{v} \right)}$，代入式(2-3-10)并解偏微分方程，得

$$u = u_0 e^{-\alpha x} e^{j\omega \left(t - \frac{x}{v(\omega)} \right)} \tag{2-3-11}$$

对于向任意方向 r 传播的噪声，上式可写成通解形式，位移可表示成振幅，距离 x 以 r 为代表，则振幅 A 为

$$A = A_0 e^{-\alpha r} \tag{2-3-12}$$

式中，α 为吸收系数。

$$\alpha = \frac{\omega}{\sqrt{2}} \cdot \sqrt{\frac{\rho}{\mu}} \cdot \frac{\sqrt{\sqrt{1 + \tau^2 \omega^2} - 1}}{\sqrt{1 + \tau^2 \omega^2}} \tag{2-3-13}$$

式(2-3-12)中，$e^{-\alpha r}$ 表示不考虑几何扩散时的振幅衰减，其中 α 为介质吸收系数。该式说明，频率越高，η 越大，耗能越快，振幅衰减也就越快；离噪声源越远（r 越大），振幅衰减也就越多。

介质的吸收系数常可从品质因子 Q 求得。由 $\dfrac{1}{Q} = \dfrac{1}{2\pi}(1 - e^{-2\alpha\lambda})$，可得 $e^{-2\alpha\lambda} = 1 - \dfrac{2\pi}{Q}$，所以 $\alpha = \dfrac{1}{2\lambda} \ln \dfrac{Q}{Q - 2\pi}$。又因为波长 $\lambda = \dfrac{v}{f} = \dfrac{2\pi v}{\omega}$，所以

$$\alpha = -\frac{\omega}{4\pi v} \ln \left(\frac{Q}{Q - 2\pi} \right) \tag{2-3-14}$$

即为

$$\alpha = -\frac{f}{2\upsilon}\ln\left(1-\frac{2\pi}{Q}\right) \qquad (2\text{-}3\text{-}15)$$

由式(2-3-12)至式(2-3-15)推知如下结论。

①观测深度越深,噪声中的高频成分损耗越多,噪声振动的主周期就变得越长。

②在软盖层中,无论是式(2-3-13)中 ρ 和 μ 及 η 等,还是式(2-3-15)中的 υ 和 Q 值,都是深度的函数。一般来说,波速 υ 和 Q 值总是随深度增加而增大的,所以介质吸收系数也随深度增加而减小。也就是说,虽然噪声随深度增加成指数衰减,但衰减梯度随深度增加是递减的,衰减最显著的还是浅层。

③因软盖层的吸收系数大,相比于基岩,软盖层在消除短周期噪声方面效果比较好。

2.3.4　分层反射与相消干涉对噪声振幅的影响

若软盖层是一个单层,根据地震波理论的证明,在层内传播的体波,其频率 ω_n 和 λ_n 不可能是任意的,用任何方法激发都只会产生频率为式(2-3-16)的振动,就是必须符合 $(2n+1)\cdot\dfrac{\lambda_n}{4}$ $=h$,h 为层厚,υ 为波速,λ_n 为噪声波长。

$$\omega_n = (2n+1)\frac{\upsilon}{h}\cdot\frac{\pi}{2} \quad (n=0,1,2,\cdots) \qquad (2\text{-}3\text{-}16)$$

若无介质吸收,将出现"共振",形成"驻波"现象。在实际中,由于吸收作用的存在,反射回来的振动波总小于入射波,所以相加和相消都减弱了。故在较厚的沉积层中,不大可能出现类似"波节"和"波腹"的现象,除非出现特殊的构造。比如在地表若有较薄的松软层,有时会出现覆盖层的"共振"现象。在一般情况下,地表总会出现噪声振幅最大值,而在层底,当下层介质特性阻抗 $\rho\upsilon$ 大于层内时,必有噪声极小值;反之,若下层介质特性阻抗小于层内(即遇到松软低速层时),下传噪声将在界面处出现极大值,这是最不利于观测的位置。

实验发现,噪声幅度随深度呈单方向的衰减,并未出现明显的"极大"和"极小"振幅现象。原因如下。

①决定振幅的主要是基波或较低次的谐波,其波长相对于观测深度而言较长,所以难以观测到振幅合成后的"波节"和"波腹"。

②因介质的吸收,反射能量大为减少,越是高次谐波,被吸收得越多,相消干涉的影响就越弱。

综合上述讨论,考虑到散射、阻抗、介质吸收及反射与干涉等因素,将式(2-3-6)、(2-3-7)、(2-3-12)、(2-3-16)所表达的概念综合表达,只对噪声体波而言可写成

$$A_N = C_1\frac{1}{r}\cdot\frac{1}{\sqrt{\rho\upsilon}}\cdot\sum_{n=0}^{\infty}A_n\cdot e^{-\alpha_n z} \qquad (2\text{-}3\text{-}17)$$

式中,$\alpha = \dfrac{\omega}{\sqrt{2}}\cdot\sqrt{\dfrac{\rho}{\mu}}\cdot\dfrac{\sqrt{\sqrt{1+\tau^2\omega^2}-1}}{\sqrt{1+\tau^2\omega^2}}$ 或 $\alpha = -\dfrac{\omega}{4\pi\upsilon}\ln\left(\dfrac{Q}{Q-2\pi}\right)$,$\omega_n = (2n+1)\dfrac{\upsilon}{h}\cdot\dfrac{\pi}{2}$。这里 ω_n 为噪声中第 n 次谐波角频率,α_n 为介质对第 n 次谐波的吸收系数,C_1 为噪声振幅常数,r 为噪声振源距,A_n 为第 n 次谐波的井口振幅,h 为覆盖层厚度。

2.3.5　短周期瑞利型面波的几何衰减

三分向人工爆破观测记录图形表明,产生于地面噪声振动中的面波以短周期瑞利型面波

为主（垂直分量面波振幅比水平分量大得多）。瑞利波位移幅度随深度的衰减理论图像，如图 2-16 所示（徐果明 等，1982）。

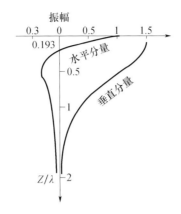

图 2-16 瑞利波振幅随深度变化的理论图像

对于噪声中瑞利型面波的几何衰减，可用式（2-3-18）来拟合：

$$A_R = C_2 \frac{1}{\sqrt{\rho v}} \sum_{i=0}^{\infty} A_{iR} \, e^{-\beta_i Z} \quad (i = 0,1,2,\cdots) \tag{2-3-18}$$

式中，Z 为观测深度，向下为正；β_i 为第 i 次谐波的衰减因子，垂直分量与水平分量上的 β_i 是不一样的；A_{iR} 为井口地面上第 i 次谐波振幅；C_2 为面波振幅常数。

2.4 深井特有的噪声

深井地震观测通常是在有衬砌的钻孔中进行的，如果衬砌良好，衬砌柱不会产生噪声，也不会使观测深度地震频率范围内的记录失真。但在钻孔观测中仍可能存在大量的人为噪声波，比如由套管波、水波、电缆波引起的噪声等（Galperin et al.，1986）。

2.4.1 套管噪声

一些学者对有套管和无套管钻孔的地震记录条件进行了专门的对比研究（冯德益 等，1990）。Levin 等（1958）对深井地声的研究表明，在水泥胶结良好的情况下，与管壁固连（耦合）的地震计对钻孔管道波不敏感，在 15～80 Hz 的频带内信号不失真。特别是当用水泥固井时，井下套管噪声会迅速衰减。Van Sandt（1963）对有套管钻孔和无套管钻孔的地震记录做了对比分析，证明了在用水泥固井、地震计和钻孔壁固连压紧的情况下，有套管和无套管钻孔内记录到的天然地震噪声基本相同，在 1～10 Hz 频带内信号不失真。因此，用水泥固井，可以达到地下物质与地震计的充分固连。Mack（1966）研究了钻孔未全部用水泥固井，套管与周围介质的声耦合随地点的变化情况，使用了振动型地震计，井深达 2736 m。结果表明，在 5～20 Hz 频率区间内，套管钻孔内地震计接收的地震信号似乎不受套管与围岩层耦合状况的影响，这种效应在高频段更为明显。

Hardage（1981）认为套管波的主要来源是扫过井口的面波；体波信号在到达钻孔中的显著阻抗对比（如套管直径的变化）时也会产生管波；钻孔直径和粗糙度、套管的类型和水泥胶结的质量都会影响管波特性。图 2-17（a）所示是典型的观测井,最上边是从地面延伸至 750 英尺①深度的胶结双层套管,再往下部分由一个单独的、未胶结的 5 英寸②套管组成,套管和地层之间有一个泥浆环;最后的胶结部分是井底 2000 英尺多井段。VSP 记录(图 2-17b)显示有 4 种方式可形成管波:①在套管底部产生的管波;②在表层产生的管波;③在套管和表层之间反射的管波;④从孔底反射的管波。

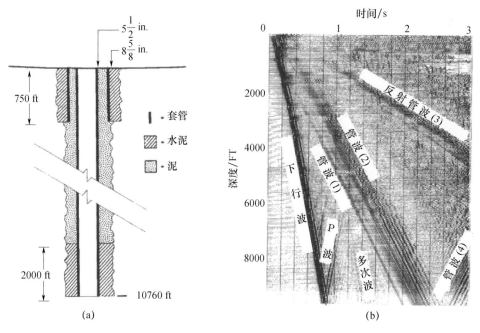

图 2-17　典型有套管井(a)中 VSP 观测到的管波形态(b)

防止管波的最好办法是减少面波影响,因为面波强度和井下管波振幅成正比关系。将井孔中的水位降低到地面以下至少一个地震波长,也可能是有效办法之一。当然也可以设计适当的滤波器消除管波噪声。

2.4.2　水波噪声

钻孔中的液体柱(通常在充满水的钻孔中进行观测)可以携带强波。水波的速度与水中的声速非常接近,只略微依赖于钻井泥浆的密度和周围岩石的弹性常数。衬里可以提高速度,增幅可达 30%～40%。在有压力差异的部分钻孔中,地震波也会激发水波,通常在该部分的上部。然而,它们也可以在与非胶结柱边界相对应的深度范围内被激发。这些波沿着柱体传播,并在柱体两端反复反射,在物理参数(泥浆密度、体积弹性模量、岩石弹性参数、内衬柱体的厚度或直径)发生变化的部分也会发生折射,可以记录下多达 10 次或更多的反射波,强度在很大程度上取决于衬砌柱与周围岩石之间的接触,特别是胶结质量,这并不总是得到仔细控制,也不总是很好。因此,即使在相同设计的钻孔中,与水波相关的干扰水平也可能不同。山本英二等(1975)曾报道在 3510 m 深的岩槻深井出现过钻孔中由水传播的噪声。噪声系由附近车辆

----

① 1 英尺(ft)=0.3048 m;

② 1 英寸(in)=0.0254 m。

行驶引起的,在垂直分量上特别明显。

　　复杂设计的钻孔中的水波强度通常高于简单设计的钻孔。强度通常可以通过增加仪器在井壁上的夹持力来降低,也可以通过减少仪器的质量来降低。这些具有技术特征的规则噪声波不仅降低了灵敏度,而且使记录失真。在相距甚远的点上进行观测时,很难确定它们的影响,因此需要进行 VSP 观测。

2.4.3　电缆波噪声

　　电缆或钻孔口可能会受到在剖面上部或沿表面传播的各种波的影响,因此电缆和地震计会经历沿电缆传播的振动,从而产生干扰。电缆波代表沿着负载电缆传播的各种类型的波的叠加,纵波和扭转波是最重要的。此外,钻孔中的长电缆是一个天线,它也可能从工业源和大地电流中拾取噪声。在每种特殊情况下,电缆波的影响可以通过记录电缆上不同载荷下的冲击来估计。大量经验表明,通过完全卸载电缆,即夹紧仪器并将电缆放松几米(最多 5 m),可以大幅降低电缆相关的噪声水平。应该记住的是,如果仪器夹得不太紧,它可能会滑动并加载电缆,这不可避免地会增加电缆波噪声。

2.4.4　与地震计安置条件相关的噪声

　　在深井观测时,地震计通常不在钻孔底部,而是用特殊的夹紧装置固定在井壁上。如果接触不够刚性,可以观测到地震计—井壁锁—井壁系统中的谐振,其特征取决于仪器的设计特征,并且这些振荡可能落在观测频段范围内。由于它们持续时间长,可能会极大地扭曲甚至隐藏整个记录。

　　夹持仪器的方法也会对记录质量产生重大影响。如果仪器仅在其部分长度上被压在井壁上,其位置可能会受到地震脉冲的影响,因此,后者会因代表仪器响应的脉冲而失真。检测这种效应相当困难。这需要对地震脉冲进行详细分析,其中最重要的是将极化作为波场的敏感参数。

　　苏联在阿拉木图的试验结果证实,井下地震计的基本电干扰与漏电也有关。通常仪器下井初期电干扰水平较低,以后出现漏电,干扰强度增加。

第 3 章
深井地震波特征

1986 年召开的"井下地震波学术讨论会",在我国井下地震观测与分析的研究进展中占有重要地位。会上明确提出,造成井下与地面记录差异的主要原因在于介质,不在于震源,也不在于仪器,并且提出平原地区的"软盖层"概念。从此开始,比较集中地对深井环境,即软盖层进行了理论、实验和实际资料的全面研究(张少泉,1992)。

深井观测地震波又称井下地震波,有别于地面记录的地震波之处,仅在于拾震器的放置位置(张少泉,1992)。从物理本质上与一般地震波并无差别。但是,由于地震波的接收位置由地面转入地面以下,因而波形、波幅、波的周期、波的频谱等特征,不可避免地受到地面以下软盖层的影响,进而造成井下地震波测定的一些地震参数不同于地面记录的地震波测定的结果,比如震级偏小、到时提前、地震矩偏大等。

在地面和井下不同深度处,我们所记录到的振动包括来自地面的噪声和来自地下的地震信号。前者,包括交通干扰、工业振动、风雨冰雪和人类活动等。后者,包括远震、近震和地方震,每一种震动又都会有纵波和横波等。无论是噪声或是信号,也无论是其中的哪种类型,从唯象分析观点看来,它们都是波,即振动能量的传输,但是,它们又有区别。它们的区别仅在于,信号是来自地下,自下而上传播的波;噪声是来自地面,自上而下传播的波。这两种以自由界面为终止点或起始点的波,必然受到传播介质的影响和自由界面的影响。

深井观测和试验的大量事实表明,井下观测可以有效地压低地面噪声,尤其是在第四纪覆盖较厚的黄土盖层和砂土盖层地区,效果更为明显。观测和试验还揭示出另一个重要现象,那就是,伴随噪声随深度的衰减,地震信号随深度也有一定程度的减弱。两种衰减或减弱随深度变化的快慢不同,由于前者比后者快得多,因而随深度的增加,可以有效地提高信号与噪声的比值(冯德益 等,1990)。这是建立深井观测的最基本目的。

本章主要从振幅特征、走时特征、频谱特征、波场特征几个方面对深井地震波特性进行讨论。

3.1 振幅特征

一般说来,噪声与信号的振幅同时随深度而衰减,但是由于噪声衰减速度快,故而井下记录的信噪比可显著提高,这在地面干扰背景水平高的地区尤为明显。广野卓藏等(1969)曾在100 m 深的浅钻孔内进行了地震动随深度变化的研究,在除 75 m 以外的各个深度上记录了地震,发现不同频率的地震波随深度的衰减。在相对于地面反射波的半波长深度上,直达波与地面反射波互相抵消,地震波的振幅达到极小。在不发生地震信号相互干涉的深度上,深井观测地震波的振幅约为地面的一半。

3.1.1 表面放大效应(K值)

首先定义地震波在地表面上点S_0和垂直于点S_0下方的地下点S_h引起的地动位移A_0和A_h之比为(王俊国,1990)

$$K = \frac{A_0}{A_h} \qquad (3\text{-}1\text{-}1)$$

若不考虑介质对地震波的吸收和衰减作用,也不考虑自由表面的影响,由单位体积内地震波的能量关系$E = 2\pi^2 A^2 f^2 \rho$,可以导出

$$K = \frac{f_h}{f_0}\left(\frac{\rho_h}{\rho_0}\right)^{\frac{1}{2}} \qquad (3\text{-}1\text{-}2)$$

式中,f和ρ分别表示地震波的振动频率和介质密度,下脚标0和h分别表示点S_0和点S_h。当$f_h > f_0$、$\rho_h > \rho_0$时,$K > 1$,因而有

$$A_0 = K A_h, \quad K > 1 \qquad (3\text{-}1\text{-}3)$$

实际上,波在介质中传播,会因吸收或散射而衰减,即为介质吸收项;在能流密度不变的情况下,因波阻抗不同而发生振幅大小的变化,称之为阻抗项;在自由界面,由于上行波和下行反射波共振叠加,使位移增强,称之为表层共振项;地面及表层还有一种对于面波的频散效应,从而造成能量在表层集中分布的现象,出现随深度的锐减,称为表层锐减项(张少泉 等,1988)。将上述4种影响归纳为能量损耗和能量分配两类,并参照各自的物理公式,写成含有两项的幅度随深度h变化的对数模型。

$$\lg K = \lg \frac{A_0}{A_h} = \alpha h + \beta \lg h \qquad (3\text{-}1\text{-}4)$$

式中,α和β表示介质的吸收因子和阻抗因子。这里K可以是$\dfrac{A_0}{A_h}$,也可以换算成$\dfrac{N_0}{N_h}$、$\dfrac{S_0}{S_h}$和$\left(\dfrac{S_h}{N_h}\right)\Big/\left(\dfrac{S_0}{N_0}\right)$

$$\lg\left(\frac{N_0}{N_h}\right) = \alpha_N h + \beta_N \lg h \qquad (3\text{-}1\text{-}5)$$

$$\lg\left(\frac{S_0}{S_h}\right) = \alpha_S h + \beta_S \lg h \qquad (3\text{-}1\text{-}6)$$

$$\lg\left[\left(\frac{S_h}{N_h}\right)\Big/\left(\frac{S_0}{N_0}\right)\right] = (\alpha_N - \alpha_S)h + (\beta_N - \beta_S)\lg h \qquad (3\text{-}1\text{-}7)$$

式中,α、β表示介质吸收因子和阻抗因子,N、S分别表示噪声和信号,其角标0表示地面,h为自地面计起的深度(单位为m)。

该模型有效地解释了噪声随深度的衰减及信噪比随深度的增加现象。表3-1是结合中国实际资料给出的基岩地层、砂土盖层和黄土盖层等典型场地的吸收因子α和阻抗因子β的数值。表中有关基岩地层和砂土盖层的α_S和β_S,是由黄土盖层的数据利用经验关系$\alpha_N = 3.5\alpha_S$和$\beta_N = 4.0\beta_S$得到的。

表 3-1 典型场地噪声与信号的 α 与 β

	类型	基岩地层	砂土盖层	黄土盖层	综合
噪声	$\alpha_N(\times 10^{-4})$	5.0	37.0	21.0	5.0~37.0
	$\beta_N(\times 10^{-2})$	11.0	22.0	74.0	11.0~74.0

续表

类型		基岩地层	砂土盖层	黄土盖层	综合
信号	$\alpha_S(\times 10^{-4})$	1.4	11.0	6.0	1.4~11.0
	$\beta_S(\times 10^{-2})$	2.7	5.4	18.0	2.7~18.0
信噪比	$\alpha_{NS}(\times 10^{-4})$	3.6	26.0	15.0	3.6~26.0
	$\alpha_{NS}(\times 10^{-2})$	7.3	16.6	56.0	7.3~56.0
深度范围/m		<500	<300	<400	<500

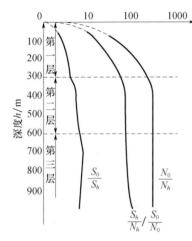

图 3-1　不同深度上噪声、信号、
信噪比的变化特征

由于实际地层并不是单一的地层,因而需要根据实际地层剖面划分成若干典型地层,参照表 3-1 所提供的数据,利用下式计算

$$K = \lg \frac{A_0}{A_h} = \sum_{i=0}^{n} \alpha_i h_i + \sum_{j=0}^{m} \beta_j \lg h_j \qquad (3\text{-}1\text{-}8)$$

式中,$\frac{A_0}{A_h}$ 也可以换算成噪声比 $\frac{N_0}{N_h}$、信号比 $\frac{S_0}{S_h}$ 或信噪比 $\left(\frac{S_h}{N_h}\right)\Big/\left(\frac{S_0}{N_0}\right)$,角标 0 表示地面,$n$、$m$ 是吸收层和阻抗层的最高序号,$k = \max(n, m)$,h_i 或 h_j 为相应层的厚度。

图 3-1 是取黄土盖层 300 m、砂土盖层 300 m、基岩深达 1000 m 的三层模型,从中可以看出在不同深度上噪声、信号以及信噪比的变化特征。图中虚线为浅层不确定部分。该图再次解释了噪声衰减比信号减弱快的现象,从而说明利用盖层的这一特点可以提高信噪比的原因。

3.1.2　K 值的物理意义

根据地震波的反射、折射定律和实际观测结果,在均匀的地壳岩石层中,地震波入射位移振幅 A 与自由表面地动位移振幅 A_μ 二者之间存在如下关系

$$\frac{A_\mu}{A} = \begin{cases} 1.8 \sim 2.3 & (\text{P 波和 SV 波}) \\ 2 & (\text{SH 波}) \end{cases} \qquad (3\text{-}1\text{-}9)$$

取其平均,可有

$$\frac{A_\mu}{A} \approx 2 \qquad (3\text{-}1\text{-}10)$$

这就是大家所熟知的表层两倍效应。

在基岩地区,井下和地面台基为相同基岩情况下,$A_0 = A_\mu$;并且不难得出 $A_h = A$,这样我们可以得到 $A_0 = 2A_h$。至此我们可以看到,在基岩地区井下观测到的地动位移振幅 A_h,与地震波的入射位移振幅 A 几乎相等,从而可以认为,其 K 值的主要成因是自由表面效应的影响。

在覆盖层较厚的平原地区,其 K 值一般为 3~5,其中既有自由表面效应的影响,也有覆盖层放大效应的影响,后者的影响可能比前者更大一些。吴富春等(1990)的实验表明,覆盖层对地震波具有放大效应,覆盖层越多、越厚,其放大效果也越明显,而且覆盖层表面的振幅谱较之基底有向低频端移动的倾向。

3.1.3 K 值的动力学基础

由式(3-1-1)定义的 K，显然是震中距 Δ、震源深度 Z 和观测点摆深 h 的函数，即 $K = f(\Delta, Z, h)$，且有 $f(\Delta, Z, 0) = 1$。当 h 较小时，在点 S_h 与 S_0 观测到地震波的几何扩散可近似认为相同，我们可以得到 P 波、S 波垂直分量(w)和水平分量(q)的地面振幅放大因子为：

$$K_w^P = \frac{[w_P]F}{\cos i_h^P}, K_q^P = \frac{[q_P]F}{\sin i_h^P};$$

$$K_w^S = \frac{[w_S]F}{\sin i_h^S}, K_q^S = \frac{[q_S]F}{\cos i_h^S};$$

$$(3-1-11)$$

式中，乘积因子 F 为波在点 S_0 与点 S_h 之间所通过的界面上的折射系数；若点 S_0 与点 S_h 在同一层介质内，则 $F = 1$。$[w_P]$、$[q_P]$、$[w_S]$、$[q_S]$ 分别为 P 波、S 波垂直分量(w)和水平分量(q)的地面振幅反射合成系数。

由式(3-1-11)可以看出，K 的大小依赖于地震波在点 S_h 的入射角 i_h，以及与波速比 $\frac{V_P}{V_S}$ 有关的反射-折射系数和地面反射合成系数，而与地震波到达点 S_h 之前的射线路径、波的类型无关。由于不同地区的 $\frac{V_P}{V_S}$ 值差别不大，因而 K 随 i_h 变化的理论曲线基本相同，可以统一使用图 3-2 所示的理论曲线做参考。

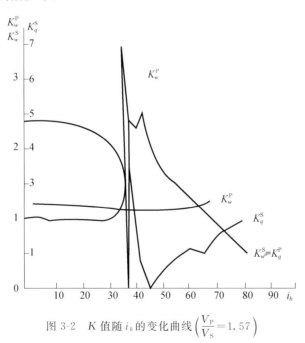

图 3-2 K 值随 i_h 的变化曲线 $\left(\frac{V_P}{V_S} = 1.57\right)$

3.2 走时特征

深井观测系统建立后，首先发现井下记录的地震波到时要比地面记录的相应到时提前。这一现象在沉积层覆盖很厚的平原地区尤为明显。Takahashi 等(1984)介绍了日本利用深井地震台网发现东京地区浅源地震活动和东京湾地下规律发生的前兆微震震群,确定了菲律宾板块向关东地区下俯冲等重要成果。显然,如果不是由于深井观测中观测到许多 S-P 到时差很小(有些小于 2.0 s)的微震,就不可能得到上述认识。

表 3-2 给出不同台基、不同震相、不同井深的时差大小。从表 3-2 可以看出,时差随井深增加而增加,坚硬岩石的时差比软盖层的时差要小,横波时差比纵波时差大。

表 3-2 深井地震波的时差特征

地区	$\Delta \overline{P}/s$	$\Delta \overline{S}/s$	岩性与井深/m
天津台网	0.4~0.5	0.5~0.6	黄土覆盖,300~400
白家疃台	0.06		砾石层覆盖,300
太原台	0.04		基岩,500
岩槻台(日本)	1.1	2.8	砾石层,3510

3.2.1 走时差 Δt

首先设在地面有点 S_0,在垂直于点 S_0 下方的地下有点 S_h,两点的垂直距离为 h。地震波从震源传播到点 S_0 和点 S_h 的走时分别为 t_0 和 t_h,定义二者之差为

$$\Delta t = t_0 - t_h \tag{3-2-1}$$

下面,我们分 3 种情况来讨论 Δt 的定量关系。

1)单层均匀介质情况

在单层均匀介质(图 3-3)条件下,入射到点 S_0 和点 S_h 的地震波射线路径相差距离 d,由简单的走时关系可以导出

$$\Delta t = \frac{d}{V} = \frac{h}{V} \cdot \cos i_0 \tag{3-2-2}$$

当地震波传播速度不变时,Δt 只与地震波在地面的入射角 i_0 和摆深 h 有关。

从式(3-2-2)不难看出,Δt 与摆深 h 成正比,与速度 v 成反比,而后者对应的 S 波速比 P 波速小、软盖中的速度比基岩中的速度小,恰可以定性地说明表 3-2 所给出的变化特征。

2)双层均匀介质情况

在双层均匀介质(图 3-4)条件下,设上层介质为低速层($V_1 < V_2$),H 为上层介质厚度。地震波在下层介质中以速度 V_2 直接传播到点 S_h;而地震波传播到达点 S_0,是在界面上点 P_1 处穿透界面产生折射以后,又以速度 V_1 在上层介质中行进了一段距离 d_1。由图 3-4 可以直观看出,地震波到达点 S_0 和点 S_h 的走时为

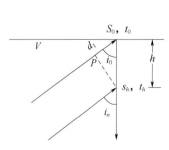

图 3-3 单层均匀介质模型

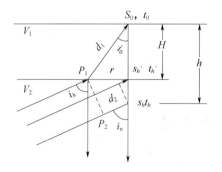

图 3-4 双层均匀介质模型

$$\Delta t = \frac{d_1}{V_1} - \frac{d_2}{V_2} \tag{3-2-3}$$

由走时关系和斯内尔定律不难导出

$$\Delta t = \frac{H}{V_1}\cos i_0 - \frac{h-H}{V_2}\cos i_h \tag{3-2-4}$$

3)n 层均匀介质情况

在 n 层均匀介质(图 3-5)条件下,自地面向下每层的厚度为 $H_1,H_2,\cdots,H_n$,各层的速度为 $V_1<V_2<\cdots<V_n$。上行波到达地面点 S_0 与第 n 层内点 S_h 的走时差为

$$\Delta t = \sum_{j=1}^{n-1}\frac{H_j}{V_j}\cos i_{j-1} + \frac{h-\sum_{j=1}^{n-1}H_j}{V_n}\cos i_{n-1} \tag{3-2-5}$$

式(3-2-5)是 n 层均匀介质条件下地面点 S_0 相对于其地下垂直方向上任意一点 S_h 的走时差通式。当 $n=1$ 时,式(3-2-5)与式(3-2-2)相同;当 $n=2$ 时,式(3-2-5)与式(3-2-4)相同。

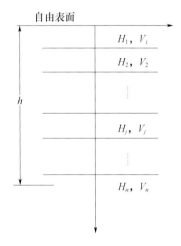

图 3-5　n 层均匀介质模型

3.2.2　Δt 的物理意义

由图 3-4 可知,点 P_1 与 S'_h 的距离为 r。当 $h\leqslant H$ 时,$r\propto h$;当 $h>H$ 时,$r\propto H$,故

$$r = \begin{cases} h\cdot\tan i_0, & h\leqslant H \\ H\cdot\tan i_0, & h>H \end{cases} \tag{3-2-6}$$

r 的大小取决于 i_0 的大小;而在地震波以一定的角度入射时,i_0 的大小仅与上下两层介质的速度变化有关,即 $i_0\propto\dfrac{V_1}{V_2}$。当 V_1 比 V_2 小很多时,i_0 亦变得很小,接近于垂直入射,此时有如下近似关系

$$\Delta t \approx \frac{h}{V_1}, \quad h\leqslant H \tag{3-2-7}$$

在基岩地区,井下和地面的介质性质变化不大,如将北京地区 $\overline{P}$ 波和 $\overline{S}$ 波的平均传播速度 $V_{\overline{P}}=6.01\text{ km/s}$、$V_{\overline{S}}=3.45\text{ km/s}$ 代入式(3-2-7),当 $h=300\text{ m}$ 时,其 P 波和 $\overline{S}$ 波的最大走时差分别为 $\Delta t_P=0.05\text{ s}$,$\Delta t_{\overline{S}}=0.09\text{ s}$。在平原地区,将基岩面以上的覆盖层作为均一的低速介质层,按照 $\dfrac{V_P}{V_S}=1.73$ 的比例关系,设 $V_P=1.00\text{ km/s}$、$V_S=0.58\text{ km/s}$,代入式(3-2-7),当 h

$=370$ m 时,其 $\overline{P}$ 波和 $\overline{S}$ 波的最大走时差分别为 $\Delta t_P = 0.4$ s,$\Delta t_S = 0.6$ s。

以上讨论的是井下和地面介质相近($h \leqslant H$)的情况。当覆盖层较薄,井孔穿透覆盖层而深入到基岩之中(即 $h > H$)时,计算 Δt 的大小则需要考虑用式(3-2-4)。

3.3 震相特征

在地面观测记录到的某一震相,如直达 P 波或深层反射 P 波,实际上是入射 P 波与反射 PP、PS 三者的合成波。深井地震记录上可以识别出的主要震相与地面记录相同。对于 $\Delta \leqslant 1°$ 的近震来说,基本震相仍然是直达波 P、S,莫霍界面上形成的首波 P_n、S_n 和反射波 P_{11}、S_{11};此外,有时还可分析识别出康拉德界面上形成的首波 P^*、S^*,地壳内界面形成的折射转换波 PS,地壳花岗岩层中的纵波型导波 π_g(波速 $v = 6.10$ km/s)和其中速度较高层中的横波型导波 L_{g1}(波速 $v = 3.50$ km/s)及速度较低层中的横波型导波 L_{g2}(波速 $v = 3.32$ km/s),以及漏能式面波 PL 等。深井中仪器记录的远震主要震相也与地面记录相同,但震相一般更清晰。

深井观测时则可以分别记录到入射 P 波与反射 PP、PS 波这三种波(图 3-6)。记录点离地面越近,这三种波的到时差就越小,以致难以分辨。

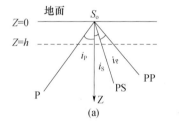 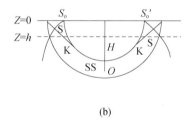

图 3-6 地面与地下观测到的震相

(a)入射图;(b)波面图

P—入射波;PS、PP—反射波;S—入射波;SS、SP—反射波

K—锥面波;H—震源色深度;h—接收点深度

下面分析反射波 PP 或 SS 能观测到的条件。

设上行波 u_1 和下行波 u_2 分别为

$$u_1 = A_1 \exp\left[J \omega_1 \left(t + \frac{H}{V} \right) \right]$$
$$u_2 = A_2 \exp\left[J \omega_2 \left(t - \frac{H}{V} \right) \right] \tag{3-3-1}$$

其合成波为

$$u = u_1 + u_2 = A \exp\left[J \left(\frac{\alpha_1 + \alpha_2}{2V} + \beta \right) \right] \tag{3-3-2}$$

相应的振幅和相位为

$$A^2 = A_1^2 + A_2^2 + 2 A_1 \cdot A_2 \cdot \cos\left[(\omega_1 - \omega_2) t + (\omega_1 + \omega_2) \frac{H}{v} \right] \tag{3-3-3}$$

$$\tan\beta = \frac{A_1 - A_2}{A_1 + A_2} \tan\frac{\alpha_1 - \alpha_2}{2} \qquad (3\text{-}3\text{-}4)$$

式中，$\alpha_1 = \omega_1\left(t + \dfrac{H}{v}\right)$，$\alpha_2 = \omega_2\left(t - \dfrac{H}{v}\right)$，$H$ 为覆盖层厚度，v 为地震波在覆盖层内的传播速度，ω 为角频率。我们取其合成振幅 A 来看，包含三项，其中第三项有因子 $\cos\left[(\omega_1 - \omega_2)t + (\omega_1 + \omega_2)\dfrac{H}{v}\right]$，令 $\tau = \dfrac{H}{V}$，当 $t = \tau$ 时，该因子写成 $\cos 4\pi f_1\tau$，τ 为下行波的单程时间，f_1 为上行波的频率。不难看出，当上行波频率 f_1 与下行波的双程走时之积为偶数时，在井下记录的地震波因入射与反射的同相叠加而增强，有突出的地面反射震相，此时

$$A = A_{\max} = A_1 + A_2 \qquad (3\text{-}3\text{-}5)$$

而当上行波频率 f_1 与下行波的双程走时之积为奇数时，在井下记录的地震波因入射与反射的反相叠加而减弱，几乎没有地面反射震相，此时

$$A = A_{\min} = A_1 - A_2 \qquad (3\text{-}3\text{-}6)$$

对于上述分析，可以取已知井深，并取反射波对直达波时差的资料进行验证。如大港某油田：$H = 1000$ m，$SS - S = 3.5$ s，$PP - P = 1.0$ s，由 $V = \dfrac{2H}{\Delta t}$ 公式计算出 $V_P = 2000$ m/s，$V_S = 571$ m/s。

3.4 频谱特征

3.4.1 频谱放大特征

为了探讨地震波的频谱变化，可以把层状介质看成一个具有频率特性的滤波器，其频率特性可用矩阵法算出（王俊国，1990）。设入射波的频谱为 $\Phi(f)$，在地面和地下观测到的地震波位移谱为

$$U_{0i}(f) = \Phi(f) \cdot D_{0i}(f) \cdot G_{0i}(f)$$
$$U_{hi}(f) = \Phi(f) \cdot D_{hi}(f) \cdot G_{hi}(f) \qquad (3\text{-}4\text{-}1)$$

式中，D 表示介质对地震波的频率响应；G 表示仪器的频率特性；f 是以 Hz 为单位的频率；下标 0 和 h 分别表示地面和井下，$i = [q, w]$ 表示位移谱的水平分量和垂直分量。

若 $G_{0i}(f)$ 与 $G_{hi}(f)$ 相近，则地面与井下地震波的频谱比为

$$R_i(f) = \frac{U_{0i}(f)}{U_{hi}(f)} = \frac{D_{0i}(f)}{D_{hi}(f)} \qquad (3\text{-}4\text{-}2)$$

$R_i(f)$ 可称为地震波位移谱的地面放大因子，是频率 f 的函数。理论计算与实际观测资料的分析结果表明，在深井中观测的地震波频谱与在地面观测到的地震波频谱相比，要往高频方向移动，且变化较为平缓。图 3-7（a，b）是 P 波以 45°角从下面入射到厚度为 0.5 km 的地表层和厚度为 30 km 的地壳时，在地面和地下 0.5 km 处观测的介质层频谱特性 $D_i(f)$。

一般来讲，地面和井下地震波位移谱的差异，主要是受介质的影响。从平均的情况来看，$D_{0i}(f) > D_{hi}(f)$，因而有 $R_i(f) > 1$，这与位移的特征是一致的。另外，在地面观测时，$D_{0i}(f)$ 大多具有几个较尖锐的峰值，尤以 $D_0(f)$ 最明显。随着入射角 i 的增大，$D_{0i}(f)$ 的峰值逐渐减小。

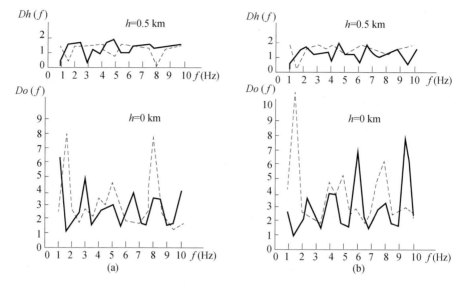

图 3-7 P 波以入射角 45°从下面入射到厚度为 0.5 km 的地表层(a)和厚度为 30 km 的地壳(b)，
在地面和地下 0.5 km 处观测的介质层频谱特性

（实线表示水平面，虚线表示垂直面）

3.4.2 不同台基介质频谱特征的比较

对于一些跨度比较大的台网，常包括山区基岩台和平原深井台两种台基。不同台基的台站所记录的波形有明显差异，直观的印象是黄土台基的优势周期大，基岩台基的优势周期小。表 3-3 给出不同台基条件下 P 波和 S 波的优势周期（王俊国，1990）。

表 3-3 不同台基的优势周期

台基岩性	$\bar{P}$ 优势周期/s	$\bar{S}$ 优势周期/s
黄土台基	0.25~0.60	0.30~1.00
基岩台基	0.05~0.40	0.20~0.80

由于黄土台基的固有频谱特征明显不同于基岩台基，造成优势周期不同。用这两种类型台基记录的地震波进行震源参数的测定，其结果相差很大。对北京台网基岩台基和深井黄土台基记录的地震波，采用快速傅氏变换获得记录波谱，再经过仪器频率特性及路径衰减、表层放大等校正后，得到震源波谱和波谱三要素，再求解震源参数，进行整体分析对比，基本结论如下。

（1）井下记录求出的震源谱图形与地面基岩求出的相应图形基本上是相似的。即作为波谱的三个要素，井下记录的震源谱都可以获得稳定值，其中，波谱的低频部分基本上保持某一水平，高频部分随 f 衰减，两者之间的拐角频率也明显存在。

（2）两者的震源谱虽然形状相似，但同一地震的三个要素明显不同，存在系统偏差。平原地区深井震源谱的波谱幅值低于基岩地区地面的相应幅值，平原地区深井震源谱的高频衰减也比较快；同时，平原地区深井震源谱的拐角频率也比较低。这三个要素的特点，有点像"红移"现象，即以拐角频率为代表，整体向低频段压缩。

（3）与上述一点有联系，由井下震源谱得到的震源参数普遍比地面基岩得到的相应结果要低，尤其是地震矩 M_0、应力降 $\Delta\sigma$、平均位错 u 和波谱能量 E 更为明显。

3.5 波场特征

波场特征理论分析

以上讨论的有关井下地震波的振幅、走时等特征,可以从波场计算得到统一的解释。造成井下与地面地震波记录特征的差异,其主要原因在于覆盖层的吸收、滤波、放大等作用,这些作用统称为软盖层效应—非线性介质的黏弹性。

对于开尔芬体,本构方程的张量形式可以写成

$$\sigma_{ij} = \delta_{ij}\left(\lambda + \lambda'\frac{\partial}{\partial t}\right)e_{kk} + \left(2\mu + 2\mu'\frac{\partial}{\partial t}\right)e_{jj} \tag{3-5-1}$$

式中,λ' 称为压缩黏滞系数,μ' 称为畸变黏滞系数,总称为黏滞系数。λ、μ 称为弹性系数,又叫拉梅系数。将其代入运动方程,并由有限逼近的瞬态问题化为具有下列形式的矩阵微分方程

$$[K]\{\Phi\} + [C]\{\dot{\Phi}\} + [M]\{\ddot{\Phi}\} = R(t) \tag{3-5-2}$$

式中,$[K]$ 为总刚度,$[C]$ 为阻尼矩阵,$[M]$ 为质量矩阵,$R(t)$ 为随时间变化的等效外力项。为求解该方程,采用修正的线性加速度逐步积分法。

表 3-4 给出一个双层介质模型。在半无限空间上有一个覆盖层,其下底为坚硬的花岗岩。这种情况基本反映深井观测的地下环境。其上层既有放大(速度低)又有吸收(黏滞系数大)作用,两者的结合则产生井下不同深度以及地面上地震波运动学和动力学的各种差异。为对比方便,除其他参数外,这里还给出两种情况下的黏性系数,其具体参数可见表 3-4。

假定从基岩底面输入一个 SH 波,在垂直入射的简单情况下,除在上下层分界面处产生反射波外,还在自由面产生反射波。在计算中取单元线度为波长的 1/10,模型两侧均取为人工投射边界或高阻尼边界,以清除人工边界的虚拟反射波;积分时间间隔为模型最小振动周期的 1/6,相当于单元体最短边长上的走时之半;为突出黏弹性介质的衰减效应,取较大的阻尼系数;为解释表层的放大效应,取上下层的速度之比为 1:4。

表 3-4 典型井下双层介质地层模型参数

结构	厚度/m	单元尺度/m²	速度/(m/s)	密度/(kg/m³)	弹性参数 $\lambda=\mu$	黏性参数(Ⅰ) λ'	μ'	黏性参数(Ⅱ) λ'	μ'
覆盖层	400	50×150	1520	1800	9.4×10^8	2.5×10^5	2.5×10^7	5.0×10^7	5.0×10^4
基底层	2000	200×150	6080	2400	2.0×10^{10}	5.0×10^6	5.0×10^8	1.0×10^8	1.0×10^6
总计	总厚度/m 2400		总长度/m 9150		结点总数 1159			单元总数 2160	

注:λ、μ、λ'、μ' 的单位均为 N/m² · s;Ⅰ、Ⅱ 则表示两种情况。

波场特征典型范例讨论

云南普洱大寨井下台站是一个地表及井下联合观测的典型范例。王芳等(2017)基于地表与井下地震记录的差异,利用 2011 年 9—12 月期间大寨深井及地表地震计三分向资料,应用正则化反卷积干涉方法,对距离台站 150 km 内的 10 个近震事件展开了分析,研究了台站附近的波场特征。以地表记录为参考,对井下记录进行反卷积,获取两台站之间的格林函数,直接

识别出了原始记录上无法区分的上行入射波与下行地表反射波,然后利用两震相的到时差建立了一个浅层地震波速度模型,与理论模拟的结果一致。研究结果表明,相对于地表观测,井下台站在近地表土层介质特性、地震波传播特征研究等方面具有很大的优势,是城市地震监测系统发展的方向,同时,也为未来布设其他井下台阵提供了参考。

图 3-8 给出了 2011 年 11 月 9 日 $M_L 3.2$ 地震反卷积波场结果,如虚线所标示,可以识别对称的入射波和地表反射波,同时,也有其他峰值出现。图 3-9 给出了所用 10 次地震事件的径向、切向分量及垂直分量的反卷积结果,可见,在垂直分量的反卷积波场上,入射波与地表反射波有一对时间对称、振幅相当的峰值;在水平分量的反卷积波场上,入射波较易识别,而地表反射波相对较弱,甚至无法明显识别。这种现象与所选地震的震级大小、震中距及方位角并无直接的关联,应与地下介质特性有关。

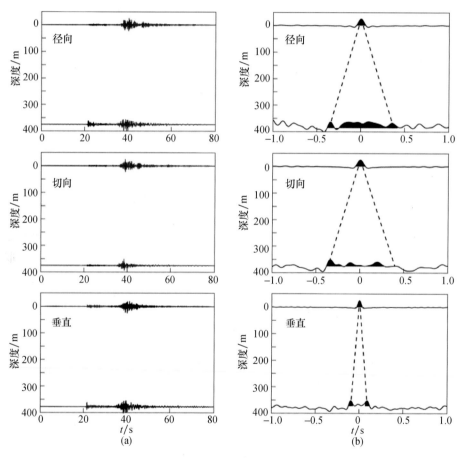

图 3-8 2011 年 11 月 9 日 $M_L 3.2$ 地震原始记录(a)及其相应的反卷积波场(b)
(红线表示用于反卷积计算的时间窗口,黑色虚线是井下与地表相互对称的上行波和下行波)

大寨井下台站属于浅层井孔,仅 375 m 深,而选用的 10 次地震事件发生深度均大于 10 km,且距离台阵不超过 150 km,相对于地震发生的层位,井下台站所处的地层速度非常低。因此,由斯奈尔(Snell)定律可以将入射至该台站的射线路径视为垂直入射。垂直分量反卷积波场的上行波和下行波到时分别为 −0.1 s 和 0.1 s,而水平分量反卷积波场的上行波和下行波到时分别为 −0.34 s 和 0.34 s,则可获取地表至井下地震计所在深度之间的平均剪切波速度(图 3-10)。对于 P 波,整个地层的平均速度为 3750 m/s;对于 S 波,平均速度为 1100 m/s。

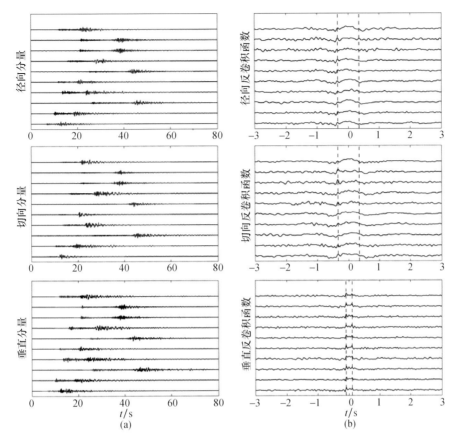

图 3-9　10 个地震事件的原始井下记录(a)及其对应的反卷积波场(b)

((a)中红色实线表示用于反卷积计算的时间窗口,(b)中红色虚线分别表示入射波和地表反射波的位置)

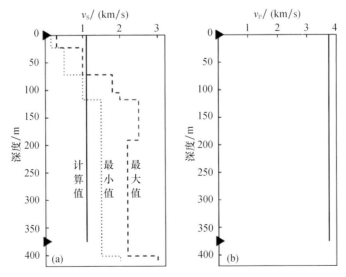

图 3-10　大寨井孔附近的 S 波(a)和 P 波(b)速度模型

(实心三角形表示两个地震计所处位置深度)

基于表 3-5 给出的地壳模型,针对 2011 年 11 月 9 日地震($M_{\mathrm{L}}3.7$,震中距为71.21 km),以切向分量为分析对象,计算了台站记录到的 0 m、100 m、200 m、300 m、400 m、500 m 和 600 m 深度处的理论地震图,如图 3-11 所示。可以看出:1100 m 以上深度的台站记录并不能很好地区分开直达 S 波与地表反射波;对于100~600 m 深度的台站记录,随着井下台站深度的增加,直达波与地表反射波更加容易区分。理论地震图(图 3-11a)与实际地震图(图 3-11b)的 S 波到时基本一致,后者由于实际场地的复杂性,无法从中直接分离出直达波和反射波震相。而从理论地震图得到的两震相到时差与本节通过反卷积计算得到的结果(图 3-11c)一致,说明速度模型基本可靠。但是,由于缺少中间深度的地震计,很难从反卷积波场上明确其他峰值所对应界面的反射波,无法对井下与地表之间的地层进行更精细的分层。

表 3-5 合成理论地震图所用到的地壳模型

层数	v_p/(km/s)	v_s/(km/s)	层厚/km	Q_p	Q_s
1	3.75	1.10	0.375	1000	500
2	6.10	3.55	13.85	1000	500
3	6.30	3.65	12.34	1000	500

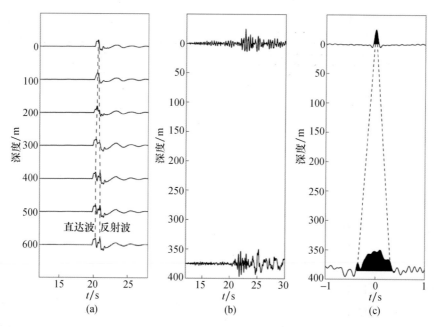

图 3-11 $M_{\mathrm{L}}3.7$ 地震在不同深度下切向分量的理论波形(a)、实际波形(b)及其反卷积结果(c)对比

第4章
地震计原理

地震观测技术是测量地震激起的地面振动的技术。它包含了地面振动的拾取和调整、数字化转换、数据的记录、传送、汇集、处理、存储和应用服务等技术。

地震仪是地震观测的关键设备,由地震计(拾震器)和记录器构成。地震仪的参数和性能决定了地震观测数据质量。从机械放大地震仪、电子放大地震仪,到现代的数字地震仪,地震仪的发展史也是其技术性能提高的历史。现代的数字地震仪具有宽频带、大动态、低失真的特点,这些技术特点得益于反馈技术在地震计中的应用,以及高分辨模拟数字转换在地震数据采集器中的应用,这两项技术带来了数字地震仪在技术指标方面的提高。数字滤波技术的应用,解决了对地震计输出的模拟信号进行采样时的频率混叠问题,使得数据采集器能够在保证频带宽度的前提下,以尽可能低的采样率输出数字信号,并为不同带宽提供多种采样率的信号输出。较低的采样率减少了信息冗余,减轻了观测数据的传输、存储代价(中国地震局监测预报司,2017)。

本章从摆的运动方程出发,以传递函数分析为基础,讨论了地震计、反馈地震计的原理;以采样定理为基础,讨论了数据采集器中的数字滤波技术和采样率变换技术。

4.1 地震计

大多数地震计设计为摆式结构,应用摆的惯性原理制成,通过测量和记录悬挂摆锤与悬挂框架之间的相对运动来近似表示地面运动。受到悬挂摆的固有运动的影响,摆锤与框架之间的相对运动仅在某个频段与地面运动量趋近于一致:在高于摆的自振频率的高频段,框架相对于摆锤的位移与地面运动位移趋于一致;在低于摆的自振频率的低频段,框架相对于摆锤的位移与地面运动加速度趋于一致。

为了提高地震仪记录微小振动的能力,需要将摆锤的相对运动进行放大。早期的地震仪使用了机械杠杆放大,放大倍数不高。为了提高地震仪的放大倍数,先后发展了光杠杆放大照相记录技术、动圈换能及电流计放大记录技术、电子放大记录技术等,放大倍数提高至数十万倍,能够记录极微震的地震波和远震的地震波。二十世纪六十年代以来,数字化地震记录逐步发展起来,数字地震仪所具有的低失真、大动态范围和宽频带的特点,使地震波记录在逼近真实地面运动方面迈出了具有变革性的一步。数字地震仪成为现代地震观测的基石。

4.1.1 摆

摆是地震计的核心构成部分,通过讨论摆运动方程,分析摆的运动特性及其对地面运动位移、速度、加速度的响应,这些响应可以通过传递函数来描述。

1)摆的悬挂方式

当地面运动时,和地面牢固连接的一切物体都随地面一起运动,如果我们悬挂一个摆锤,若摆的固有振动周期比地面运动周期大很多时,由于摆锤的惯性作用,摆锤与地面之间的相对运动就是我们需要观测的量,它足够精确地反映了地面运动的位移。

(1)垂直摆

垂直摆用于接收垂直向地面运动。最简单的垂直摆是用一个弹簧悬挂一个摆锤,如图 4-1(a)所示,许多理论分析均以该模型为基础,建立运动方程。图 4-1(a)所示的悬挂系统因为受到水平振动的影响大,在实际仪器设计中没有采用的价值,图 4-1(b)和图 4-1(c)是实用的两种悬挂方式,它们的共同点是都有一个旋转轴,使摆锤运动受到约束,只能绕旋转轴做旋转运动,当摆锤的振动幅度很小时,可以将绕旋转轴的圆弧振动近似认为是垂直振动,图 4-1(b)采用螺旋弹簧悬挂摆锤,抵消重力的影响,使摆锤质心位置处于和旋转轴同一个水平面上。图 4-1(b)所示的悬挂方式叫作"LaCoste 直角三角形悬挂",其主要特点是能够实现很长的固有自振周期。图 4-1(c)采用叶片簧代替螺旋弹簧,与图 4-1(b)相比易于实现。

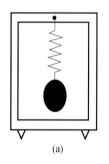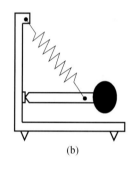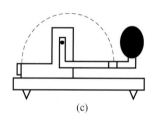

(a) (b) (c)

图 4-1 垂直摆悬挂示意图

作为示例,图 4-3(a)为一个实际的垂直摆照片,它采用了与图 4-1(c)一样的叶片簧悬挂方式,下半部的磁钢、线圈机构为动圈换能器。

(2)水平摆

图 4-2 示出了几种水平摆的悬挂方式:(a)为铅直摆,其缺点是等效摆长较短,固有自振周期短,延长自振周期需要增加摆长,导致体积迅速增大。(b)为花园门式悬挂的水平摆,其摆锤围绕一个近似垂直的旋转轴振动,固有自振周期与旋转轴倾斜角度有关,倾角越大,则周期越短;倾角越接近于 0°,则周期越长;若倾角为 0°,即旋转轴处于铅直状态,则摆系处于无周期状态。(c)为倒立摆,两端的弹簧提供回复力矩,保证摆锤能够回复到中心平衡位置。

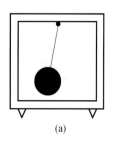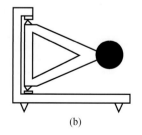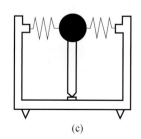

(a) (b) (c)

图 4-2 水平摆悬挂示意图

作为示例,图 4-3(b)为一个实际的水平摆照片,采用了图 4-2(a)所示的悬挂方式,不同的是,该摆设计有负力矩机构,用于延长固有振动周期。

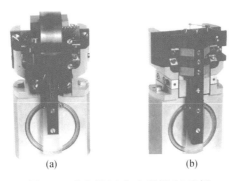

(a)　　　　　　　　　(b)

图 4-3　垂直摆(a)和水平摆(b)示例

(3)倾斜悬挂摆

图 4-4 为倾斜悬挂原理示意图,(a)为采用螺旋弹簧悬挂,(b)为采用叶片簧悬挂方式,STS-2 地震计的摆就是采用叶片簧悬挂的。

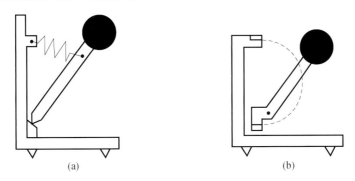

(a)　　　　　　　　　(b)

图 4-4　倾斜悬挂的摆

STS-2 型甚宽频带地震计是一种力平衡反馈三分向一体地震计,其机械部分采用了三个完全相同的倾斜悬挂的摆,沿圆周均匀分布,如图 4-5 所示,其 U 轴、V 轴和 W 轴分别表示三个摆锤质心的振动方向。三个摆的信号输出由模拟运算电路进行坐标变换,转换成传统的 XYZ 坐标系信号,即转换成东-西、北-南、垂直三分量信号(齐军伟,2016)。

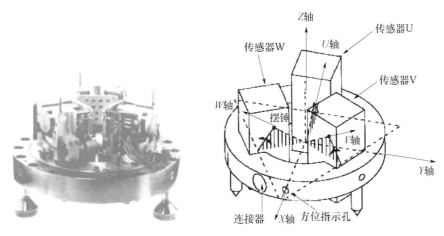

图 4-5　倾斜悬挂示例(STS-2 型地震计)

（4）旋转轴

大部分摆都采用旋转型结构，而不采用直动型结构。由于摆在实际工作中振幅很小，是很好的直线振动的近似。

旋转型的摆全部采用十字交叉结构的弹簧片来实现摆体与底座支架的连接，实现旋转轴。旋转轴在十字交叉点的连线上。摆锤振动时，十字交叉簧仅仅有轻微的变形。十字交叉簧的应用克服了旋转轴的摩擦力可能产生死区的问题，提高了摆锤感应微小振动的能力。

2）摆的固有运动

为了解摆对地面运动的响应，首先要研究摆的固有特性。以下以简单悬挂的垂直摆为例（图 4-6），研究它的运动方程及其运动特征。

图 4-6 是一个可以绕 O 轴旋转的垂直摆，它的转动惯量为 J_s。当摆锤偏转微小角度 θ 时，重力产生一个使摆回复到平衡位置的力矩，它是角度 θ 的函数，并指向平衡位置。当 θ 很小时，可写为 $-c_s\theta$。摆锤运动过程中还会受到摩擦和空气阻力，由于运动速度不大，摩擦和空气阻力产生的阻尼力矩是角速度 $\dot{\theta}$ 的函数，近似与振动角速度 $\dot{\theta}$ 的一次方成正比，且总是阻碍摆的运动，阻尼力矩可以写为 $-b_s\dot{\theta}$。这两个力矩控制了摆的转动，因此，摆的运动方程可写为

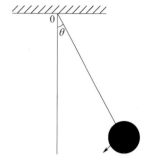

图 4-6　垂直摆

$$J_s\ddot{\theta} = -b_s\dot{\theta} - c_s\theta \qquad (4\text{-}1\text{-}1)$$

式中，b_s 和 c_s 是常数。令 $b_s/J_s = 2\varepsilon_1$，$c_s/J_s = n_1^2$，则式（4-1-1）可写为

$$\ddot{\theta} + 2\varepsilon_1\dot{\theta} + n_1^2\theta = 0 \qquad (4\text{-}1\text{-}2)$$

这是一个二阶常系数齐次线性微分方程。由于一个指数函数的微分还是指数函数，令 $\theta = e^{\alpha t}$，则式（4-1-2）可写成

$$\alpha^2 e^{\alpha t} + 2\varepsilon_1\alpha e^{\alpha t} + n_1^2 e^{\alpha t} = 0 \qquad (4\text{-}1\text{-}3)$$

可求出

$$\alpha = -\varepsilon_1 \pm \sqrt{\varepsilon_1^2 - n_1^2} \qquad (4\text{-}1\text{-}4)$$

因此，方程（4-1-2）的通解为

$$\theta = c_1 e^{\left(-\varepsilon_1 - \sqrt{\varepsilon_1^2 - n_1^2}\right)t} + c_2 e^{\left(-\varepsilon_1 + \sqrt{\varepsilon_1^2 - n_1^2}\right)t} \qquad (4\text{-}1\text{-}5)$$

式中，c_1、c_2 是由初始条件决定的积分常数。由于只考虑了摆在运动过程中的约束，没有考虑地面振动对摆的影响，式（4-1-5）给出了初始条件不为零时，即摆锤的初始位置不为零或初始速度不为零时，摆自身的运动规律。这种运动称为摆的固有运动。

（1）$n_1 > \varepsilon_1$

在这种情况下，原方程的特征方程有两个共轭复根。设 $\upsilon_1 = \sqrt{n_1^2 - \varepsilon_1^2}$，则其解可写作

$$\theta = A_1 e^{-\varepsilon_1 t} \sin(\upsilon_1 t + \varphi) \qquad (4\text{-}1\text{-}6)$$

式中，A_1 是取决于初始条件的积分常数。从上式可以看出由于正弦函数值只能在 ± 1 之间变化，故振动只能限于在 $\pm A_1 e^{-\varepsilon_1 t}$ 两条曲线所包括的范围内，且 $e^{-\varepsilon_1 t}$ 是衰减的指数函数，因此，这时振幅已不再是等幅的，随着时间的增加振动将逐渐衰减，如图 4-7 所示。因为位移不能在每一周期后回复原值，所以阻尼振动是一种准周期运动。

为表示振动衰减快慢的程度，引入阻尼常数 D_1 来衡量振动衰减快慢程度。

$$D_1 = \frac{\varepsilon_1}{n_1} \qquad (4\text{-}1\text{-}7)$$

式中，D_1 是表征摆特性的一个重要参量，代表阻尼的大小，是一个无量纲的量。

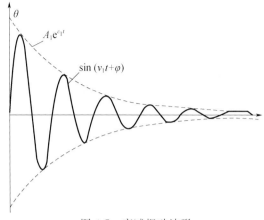

图 4-7　衰减振动波形

（2）$n_1 < \varepsilon_1$

在这种情况下，特征方程是两个不相等的负实根。设 $\overline{\upsilon}_1 = \sqrt{\varepsilon_1^2 - n_1^2}$，则（4-1-2）的解为

$$\theta = \mathrm{e}^{-\varepsilon_1 t}(c_1 \operatorname{sh} \overline{\upsilon}_1 t + c_2 \operatorname{ch} \overline{\upsilon}_1 t) \tag{4-1-8}$$

式（4-1-8）所表示的是由双曲函数所描述的无周期运动。这时摆离开平衡位置以后，根本不发生振动，而只是缓慢地向平衡位置靠近，且随着 D_1 的增加，外力撤去后，摆直接回复到平衡位置的速度也就越来越慢。这种情况称为过阻尼状态。

（3）$n_1 = \varepsilon_1$（即 $D_1 = 1$）

在这种情况下，特征方程为一对相等的负实根，则原微分方程（4-1-2）的解为

$$\theta = \mathrm{e}^{-\varepsilon_1 t}(c_1 + c_2 t) = \mathrm{e}^{-n_1 t}(c_1 + c_2 t) \tag{4-1-9}$$

式（4-1-9）所表达的也是一种非周期运动。这时摆将按指数规律逐步衰减到零，摆不再发生振动。如果 ε_1 稍微再减小一些，即变为衰减的正弦运动，所以摆是处于有周期、无周期运动的边界情况，故称其为临界阻尼状态。这时的 $D_1 = 1$，称为临界阻尼常数（或称中肯阻尼常数）。

图 4-8 为阻尼 D 取不同值情况下摆锤的固有运动波形，可见 D 取值为 1 附近时，摆锤回到平衡位置最快。实际工作中，常用的阻尼取值为 0.707，该取值对应的幅频特性响应最为平坦，符合巴特沃思滤波器特性。

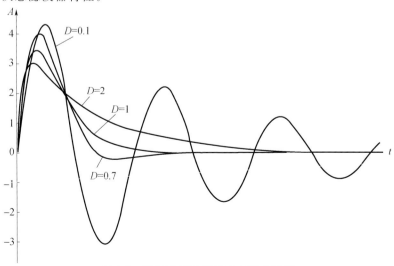

图 4-8　阻尼不同时摆的固有运动波形

3）地面运动时摆的运动方程

当地面运动时摆锤因惯性暂时保持原来的位置，这是摆式地震计检测地面运动的基本原理。但摆的固有振动会叠加在它所检测到的地面运动上，使得它拾取的地面运动发生畸变。

在图 4-9 中，OXY 为静止坐标系统，地震计底座与地基紧密连接并能一起运动。通过与地震计底座相连的动坐标系统 oxy 来研究摆的运动。设两个坐标系是平行的，即 oy 平行于 OY，当地面沿 x 反向移动了距离 X 时，oy 随地面一起移动了距离 X，因而转动了 θ 角，同时相对 OY 有一个加速度 $\left(\dfrac{\mathrm{d}^2 X}{\mathrm{d}t^2}\right)$。当 θ 角很小时，对于只有一个自由度的摆来说，摆受力情况可用力学中的加速度参照系的方法来讨论，即假定这个系统是不动的，除作用在物体上原有的力（或力矩）外，再加上一个惯性力（或惯性力矩），其方向与回复力（矩）方向相同，而大小是 $M \dfrac{\mathrm{d}^2 X}{\mathrm{d}t^2}\left(M l_0 \dfrac{\mathrm{d}^2 X}{\mathrm{d}t^2}\right)$，其中 M 是摆锤质量，l_0 是折合摆长。这样可以得出转动型摆的运动方程为

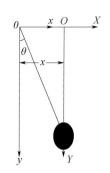

图 4-9　地面运动时摆的运动示意图

$$J_s \ddot{\theta} + b_s \dot{\theta} + c_s \theta = -M l_0 \ddot{X} \tag{4-1-10}$$

将 $J_s = M l_0^2$ 代入上式，可得

$$\ddot{\theta} + 2\varepsilon_1 \dot{\theta} + n_1^2 \theta = -\ddot{X}/l_0 \tag{4-1-11}$$

若以相对摆的振动中心位移 x_c 为变量，(4-1-11)也可写成为

$$\ddot{x}_c + 2\varepsilon_1 \dot{x}_c + n_1^2 x_c = -\ddot{X} \tag{4-1-12}$$

式(4-1-12)是一个二阶常系数非齐次线性微分方程，描述了摆锤相对于地面的位移与地面运动位移之间的关系。

4）摆的传递函数与频率特性

（1）摆的传递函数

对(4-1-12)式求拉普拉斯变换，得到：

$$s^2 X_c(s) + 2\varepsilon_1 s X_c(s) + n_1^2 X_c(s) = -s^2 X(s) \tag{4-1-13}$$

式中，$X_c(s)$ 是 x_c 的拉普拉斯变换，$X(s)$ 是 $X(t)$ 的拉普拉斯变换。摆的传递函数为

$$H(s) = \frac{X_c(s)}{X(s)} = \frac{-s^2}{s^2 + 2\varepsilon_1 s + n_1^2} \tag{4-1-14}$$

令 $s = j\omega$，则摆的频率特性为

$$H(j\omega) = H(s)\big|_{s=j\omega} = \frac{-\omega^2}{\omega^2 - 2\varepsilon_1 j\omega - n_1^2} \tag{4-1-15}$$

（2）摆锤对地面运动位移的响应

$x_d(t)$ 表示地面运动位移，$y_d(t)$ 表示摆锤的位移，相应的拉普拉斯变换记为 $X_d(s)$ 和 $Y_d(s)$，摆锤对地面运动位移的传递函数记为 $H_d(s)$，则：

$$H_d(s) = \frac{Y_d(s)}{X_d(s)} = \frac{-s^2}{s^2 + 2\varepsilon_1 s + n_1^2} \tag{4-1-16}$$

取 $n_1 = 1$ 时，计算 $H_d(s)$ 的归一化频率特性并绘图，见图 4-10。

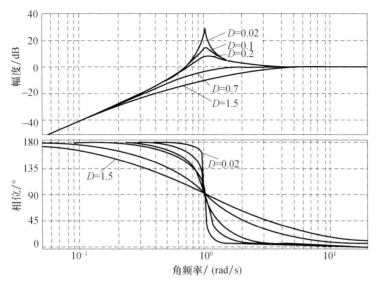

图 4-10　阻尼不同时 $H_d(s)$ 的归一化频率特性

（3）摆锤对地面运动速度的响应

$x_v(t)$ 表示地面运动速度，$x_v(t)=\dfrac{\mathrm{d}x_d(t)}{\mathrm{d}t}$，相应的拉普拉斯变换为 $X_v(s)=s\,X_d(s)$，则摆锤对地面运动速度的传递函数为

$$H_v(s)=\frac{Y_d(s)}{X_v(s)}=\frac{Y_d(s)}{sX_d(s)}=\frac{-s}{s^2+2\varepsilon_1 s+n_1^2} \tag{4-1-17}$$

取 $n_1=1$ 时，计算 $H_v(s)$ 的归一化频率特性并绘图，见图 4-11。

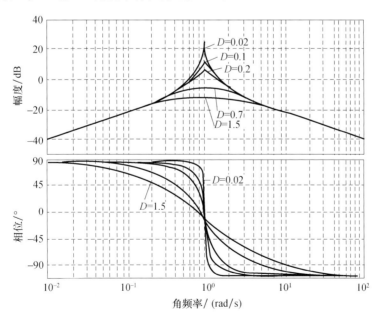

图 4-11　阻尼不同时 $H_v(s)$ 的归一化频率特性

（4）摆锤对地面运动加速度的响应

记 $x_a(t)$ 表示地面运动加速度，$x_a(t)=\dfrac{\mathrm{d}^2 x_d(t)}{\mathrm{d}^2 t}$，相应的拉普拉斯变换为 $X_a(s)=s^2 X_d(s)$。

则摆锤对地面运动加速度的传递函数为

$$H_a(s)=\frac{Y_d(s)}{X_a(s)}=\frac{Y_d(s)}{s^2 X_d(s)}=\frac{-1}{s^2+2\varepsilon_1 s+n_1^2} \tag{4-1-18}$$

取 $n_1=1$ 时,计算 $H_a(s)$ 的归一化频率特性并绘图,见图 4-12。

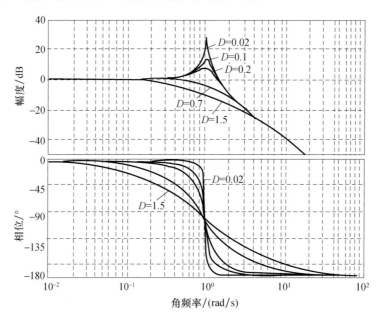

图 4-12　阻尼不同时 $H_a(s)$ 的归一化频率特性

4.1.2　换能器

换能器的作用是将摆锤相对于悬挂框架的运动转换为电压信号,以便使用电子放大记录仪进行高灵敏度模拟记录或使用现代的高分辨率数据采集器进行数字记录。常见的换能器有电容换能器和动圈换能器,两者都可用于反馈地震计。

1)电容型换能器

以电容器为敏感元件,将机械位移量转换为电容量变化的传感器称为电容式传感器。

电容传感器具有灵敏度高、结构简单、长期稳定性好及价格较低等特点,因此被广泛用于小量程、精度要求高的位移测量上。在宽频带反馈地震计,VS 垂直摆倾斜仪,CZB-1 型竖直摆钻孔倾斜仪,YRY-4 型分量式钻孔应变仪以及 DZW 型微伽重力仪等都广泛应用电容型换能器。

近年来,高精度电容测微器中较普遍地采用感应变压器和锁相放大器,使电容测微器的精度大大提高。由于运算放大器性能和速度的提高,采用精密高速运算放大器能制作出性能理想的反相器,以替代感应分压器。由于电容式位移传感器的输出信号很小,信噪比低,在电路中采用锁相放大器可有效地滤除噪声对测量结果的影响。

(1)基本原理

电容传感器有变间距型、变面积型和变介质型。地震仪器中常用的是变间距型和变面积型。

平行极板电容器的电容量为

$$C=\frac{\varepsilon S}{\delta}=\frac{\varepsilon_0 \varepsilon_r S}{\delta} \tag{4-1-19}$$

式中，ε 为极板间介质的介电系数；ε_0 为真空的介电常数，$\varepsilon_0 = 8.854 \times 10^{-12}\,\text{F/m}$；$\varepsilon_r$ 为极板间介质的相对介电常数，对于空气介质，$\varepsilon_r \approx 1$。

现以差动式变间距型电容换能器为例介绍其原理（马洁美，2006）。

差动式变间距型电容换能器，由三块金属板组成，中间的为动极板，两边的为定极板，如图 4-13 所示。

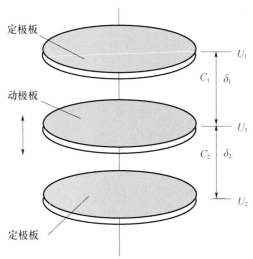

图 4-13　变间距型电容换能器

初始位置时，$\delta_1 = \delta_2 = \delta_0$，$C_0 = \dfrac{\varepsilon S}{\delta_0}$。

动极板上移时，$\delta_1 = \delta_0 - \Delta\delta$，$\delta_2 = \delta_0 + \Delta\delta$，

$$C_1 = C_0 + \Delta C_1 = \frac{\varepsilon S}{\delta_0 - \Delta\delta} = C_0\left(1 - \frac{\Delta\delta}{\delta}\right)^{-1} \tag{4-1-20}$$

$$C_2 = C_0 - \Delta C_2 = \frac{\varepsilon S}{\delta_0 + \Delta\delta} = C_0\left(1 + \frac{\Delta\delta}{\delta}\right)^{-1} \tag{4-1-21}$$

当 $\Delta\delta/\delta_0 \ll 1$ 时，

$$C_1 = C_0\left[1 + \frac{\Delta\delta}{\delta_0} + \left(\frac{\Delta\delta}{\delta_0}\right)^2 + \left(\frac{\Delta\delta}{\delta_0}\right)^3 + \cdots\right] \tag{4-1-22}$$

$$C_2 = C_0\left[1 - \frac{\Delta\delta}{\delta_0} + \left(\frac{\Delta\delta}{\delta_0}\right)^2 - \left(\frac{\Delta\delta}{\delta_0}\right)^3 + \cdots\right] \tag{4-1-23}$$

$$\Delta C = C_1 - C_2 = C_0\left[2\frac{\Delta\delta}{\delta_0} + 2\left(\frac{\Delta\delta}{\delta_0}\right)^3 + \cdots\right] \tag{4-1-24}$$

电容量的相对变化为

$$\frac{\Delta C}{C_0} = 2\frac{\Delta\delta}{\delta_0}\left[1 + \left(\frac{\Delta\delta}{\delta_0}\right)^2 + \left(\frac{\Delta\delta}{\delta_0}\right)^4 + \cdots\right] \tag{4-1-25}$$

略去高次项

$$\frac{\Delta C}{C_0} \approx 2\frac{\Delta\delta}{\delta_0} \tag{4-1-26}$$

非线性误差为

$$r = \frac{\left|\left(\dfrac{\Delta\delta}{\delta_0}\right)^3\right|}{\left|\left(\dfrac{\Delta\delta}{\delta_0}\right)\right|} \times 100\% = \left(\frac{\Delta\delta}{\delta_0}\right)^2 \times 100\% \tag{4-1-27}$$

灵敏度为

$$K = \frac{\Delta C}{\Delta \delta} = 2\frac{C_0}{\delta_0} = 2\frac{\varepsilon S}{\delta_0^2} \tag{4-1-28}$$

由式(4-1-27)和式(4-1-28)可知,三片式电容器比两片式优越,非线性误差减小,灵敏度提高了一倍。

三片式差动式变间距型电容换能器,因为金属板的面积较大,电容板之间的间距较小,边缘效应的影响可忽略不计。故金属板之间的电场可看作是均匀的,电场方向与金属板垂直,等位面则与金属板平行。因此,金属板之间的电位差与其间的间距成正比

$$\frac{U_1 - U_3}{\delta_1} = \frac{U_3 - U_2}{\delta_2} \tag{4-1-29}$$

式中,U_1 和 U_2 是振荡源和其经过反相后加到定极板上的电压(瞬时值),U_3 是动极板受电场感应所产生的电位,δ_1、δ_2 分别是动极板与上定极板和下定极板间的距离。

由式(4-1-29)可得

$$\frac{U_1 + U_2 - 2U_3}{U_1 - U_2} = \frac{\delta_1 - \delta_2}{\delta_1 + \delta_2} = \frac{\Delta \delta}{\delta_0} \tag{4-1-30}$$

式中,$\Delta \delta$ 为动极板偏离零位的距离,δ_0 为间距 δ_1 和 δ_2 的平均值 $\delta_0 = (\delta_1 + \delta_2)/2$。假定加在两定极板的电压大小相等而相位相反,即 $U_1 = -U_2$,代入式(4-1-30)得

$$\Delta \delta = \delta_0 \times \frac{U_3}{U_2} \tag{4-1-31}$$

由式(4-1-31)可以看出,偏离零位的距离 $\Delta \delta$ 与传感器的输出电压成正比。

由于变间距差动式电容换能器灵敏度高,在当代的力平衡反馈宽频带地震计中广泛使用(图4-14)。

(2)电路原理

由于动极板离零位的距离 $\Delta \delta$ 与传感器的输出电压 U_3 成正比,故由传感器的输出电压 U_3 可以求出动极板与零位的距离,即可根据输出电压的变化量,求出动极板位移的变化量。

因传感器的输出电压 U_3 的幅度很小,信噪比也很小,因此必须经高增益放大后才能检测,并需锁相放大器滤除噪声。电容传感器的方框图如图4-15所示。

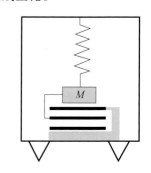

图4-14 变间距差动式电容换能器示意图

图中移相器的作用是为了调整参考通道的相位,使信号通道中的正弦波与参考通道中的方波在相位上严格一致,从而保证锁相放大器的工作。

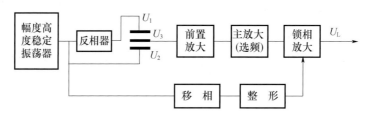

图4-15 电容传感器方框图

下面分析振荡器的幅度变化、放大器的增益变化及振荡电压与反向电压之间的相对变化对测量精度的影响,从而对振荡器的幅度稳定性、放大器的增益稳定性以及反向器的性能指标

提出要求。

假如反相器的输入和输出幅度不严格相等,产生了差值 ΔU,即 $U_2 = U_1 + \Delta U$,则由式(4-1-29)可得

$$\frac{\Delta U + 2U_3}{2U_2} = \frac{\Delta \delta}{\delta_0} \tag{4-1-32}$$

由(4-1-32)经整理后得

$$U_3 = \frac{K_7 U_0}{\delta_0} \cdot \Delta \delta - \frac{\Delta U}{2} \tag{4-1-33}$$

由式(4-1-32)和式(4-1-33)可知,当电容传感器两定极板上的电压幅度严格相等时,动极板在零位上所感应的电位也为 0;反之,若二者的幅度存在差值 ΔU,动极板在零位上所感应的电位就不为 0。

在零位上,电容传感器的测量误差最小,该处的测量误差完全由反相器的性能指标决定,其输入与输出电压幅度差越小,测量位移的精度越高。离零位较远之处,振荡器的幅度变化和放大器的增益变化对测量结果的影响较为显著。为了保证电容传感器精度,必须限制其量程。

量程/精度比由振荡器的幅度稳定性和放大器的增益稳定性所决定。振幅稳定性和增益稳定性越高,量程/精度比也越高。假如要求电容传感器分辨力为 $0.001~\mu m$,量程为 $0.1~\mu m$,则量程/精度比为 $1000:1$,故振荡器的幅度稳定性和放大器的增益稳定性必须优于 $1/1000$。另外,由于要求电容传感器分辨力为 $0.001~\mu m$,电容板之间的间距为 $0.4~mm$,则要求反相器输入输出电压之间比值的变化小于 4×10^{-7}。

① 前置放大器。由于电容传感器输出阻抗很高,前置放大器的输入阻抗必须更高。图 4-16 所示前置放大器电路能同时满足高输入阻抗和高稳定增益。

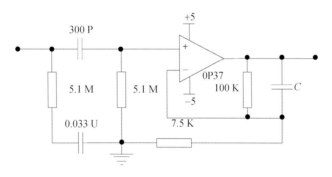

图 4-16　前置放大器电路

② 主放大器。主放大器采用两级选频放大。两级带通滤波器的中心频率相同,为了防止同频干扰,两个摆体的中心频率分别选为 $8~kHz$ 和 $16~kHz$。选频放大器的作用是滤除频带以外的噪声。如果没有滤波,噪声的尖峰经放大后在锁相放大器的输入端将达到饱和,从而影响锁相放大器的工作性能。

众所周知,锁相放大器的 Q 值越高,对噪声的滤除就越加有效。但 Q 值过高时,增益稳定性和相位稳定性就变得较差。为了使选频放大器的增益稳定性优于 $1/1000$,在选择电路的结构和参数时使 Q 值较低,可以保证增益稳定性和相位稳定性,如图 4-17 所示。

③ 锁相放大。由于电容传感器信号较小,信噪比很低,当噪声高于信号时,噪声就淹没了信号,无法进行准确的测量。锁相放大器是滤除噪声最有效的方法。恰当地增加低通滤波器

的时间常数可以有效地压缩等效的噪声带宽。若采用一阶低通滤波器,等效噪声带宽可由下式得到:

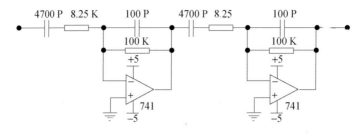

图 4-17　主放大器电路

$$\Delta f = \int_0^\infty |H(jw)|\,\mathrm{d}w = \int_0^\infty \frac{\mathrm{d}w}{1+w^2R^2C^2} = \frac{1}{4RC} \tag{4-1-34}$$

当 $RC=10$ s 时, $\Delta f=0.025$ Hz。故锁相放大器的 Q 值为

$$Q = f/\Delta f = 640000$$

由于锁相放大器的带宽很窄, Q 值很高,干扰和噪声的影响可以忽略不计。锁相放大器要求参考通道的方波与信号通道的正弦波一致。如果两者之间的相位发生了变化,锁相放大器的输出就会发生变化。当二者相位一致时,锁相放大器的输出为最大。

④ 稳幅振荡器。为了保证电容传感器的精度,振荡器的幅度稳定度必须很高。我们采用了一种程控正弦波发生器电路来产生稳幅振荡(图 4-18)。这种正弦波发生器最基本的原理是 DAC 接口技术。工作时,先将正弦编码表存于 EPROM 中,然后启动时钟信号发生器,让其送出时钟频率 f。 f 推动一个顺序地址发生器,产生连续变化的地址,将 EPROM 中内容顺序读出,然后通过锁存器及 DAC 输出正弦波形中的一个电压点。当地址发生器从"0"开始计数到满度值后再次回到"0"时,表示一个波形输出。低通滤波为滤除 DAC 输出的高频成分,使波形光滑。

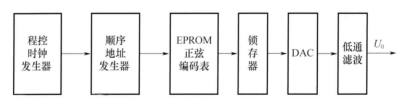

图 4-18　高稳幅正弦波发生器

⑤ 移相电路与整形电路。移相电路特点是相位稳定性较好。当组件参数变化时,参数变化对相移 φ 的敏感度较低,但该电路的移相范围较小。由于电容传感器仅需在较小范围内调整相位,但要求移相电路有较高的相位稳定性,故图 4-19 所示移相电路能较好地满足电容传感器的要求。整形电路如图 4-20 所示。移相电路输出的正弦信号经整形电路后变成方波,又将方波的高电平和低电平相应成同步检波所需的电压,方波的高电平为 $+0.7$ V,这时同步检波中的场效应管处于导通状态,方波的低电平为 -4.3 V,这时同步检波电路处于夹断状态。

⑥ 低通滤波器。低通滤波器用于滤除电子系统的噪声和各种干扰,亦能滤除车辆及其他振动源引起的地面脉动的干扰影响,低通滤波器采用图 4-21 所示的电路,由两级二阶低通滤波组合成四阶低通滤波器,该滤波器具有较好的截止特性和滤波性能,低通滤波器的时间常数越大, φ 值越高,带宽则越窄,滤除噪声和干扰的能力越强,但若低通滤波的时间常数太大,则会使固体潮波产生相位滞后,故需恰当地选择电路参数和滤波常数,该低通滤波器的时间常数为 10 s。

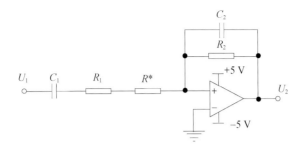

图 4-19　移相电路

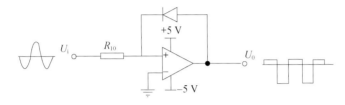

图 4-20　整形电路

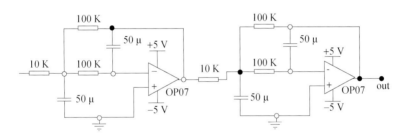

图 4-21　低通滤波电路

(3)电容传感器的特点

① 电容传感器的优点

a. 温度稳定性好。传感器的电容值一般与电极材料无关,仅取决于电极的几何尺寸,且空气等介质损耗很小,只要从强度、温度系数等机械特性方面考虑,合理选择材料和几何尺寸,其他因素(因本身发热极小)影响甚微。

b. 结构简单,适应性强。传感器结构简单,易于制造。能在高低温、强辐射及强磁场等各种恶劣的环境条件下工作,适应能力强,尤其可以承受很大的温度变化,在高压力、高冲击、过载等情况下都能正常工作,能测超高压和低压差,也能对带磁工件进行测量。此外,传感器可以做得体积很小,以便实现某些特殊要求的测量。

c. 动态响应好。电容传感器由于极板间的静电引力很小(约 10^{-5} N),需要的作用能量极小,又由于它的可动部分可以做得很小很薄,即质量很轻,因此,其固有频率很高,动态响应时间短,能在几兆赫的频率下工作,特别适合动态测量。又由于其介质损耗小可以用较高频率供电,因此系统工作频率高。它可用于测量高速变化的参数,如测量振动、瞬时压力等。

d. 可以实现非接触测量、具有平均效应。当被测件不允许采用接触测量时,电容传感器可以实现非接触测量且具有平均效应,以减小工件表面粗糙度等对测量的影响。

e. 电容传感器除上述优点之外,还因带电极板间的静电引力极小,因此所需输入能量极小,所以特别适宜低能量输入的测量,例如测量极低的压力、力和很小的加速度、位移等,可以做得很灵敏,分辨力非常高。

② 电容传感器的缺点

a. 输出阻抗高,负载能力差。电容传感器的容量受其电极几何尺寸等限制,一般为几十到几百皮法,传感器的输出阻抗很高,尤其当采用音频范围内的交流电源时,输出阻抗高达 $10^6 \sim 10^8 \ \Omega$。因此,传感器负载能力差,易受外界干扰影响而产生不稳定现象,严重时甚至无法工作,必须采取屏蔽措施。

容抗大还要求传感器绝缘部分的电阻值极高(几十兆欧以上),否则绝缘部分将作为旁路电阻而影响传感器的性能(如灵敏度降低),为此还要特别注意周围环境如温湿度、清洁度等对绝缘性能的影响。高频供电虽然可降低传感器输出阻抗,但放大、传输远比低频时复杂,且寄生电容影响加大,难以保证工作稳定。

b. 寄生电容影响大。传感器的初始电容量很小,而其引线电缆电容(1~2 m 导线可达 800 pF)、测量电路的杂散电容以及传感器极板与其周围导体构成的电容等寄生电容却较大。

c. 输出特性非线性。变极距型电容传感器的输出特性是非线性的,虽可采用差动结构来改善,但不可能完全消除。其他类型的电容传感器只有忽略了电场的边缘效应时,输出特性才呈线性,否则边缘效应所产生的附加电容量将与传感器电容量直接叠加,使输出特性为非线性。

2)动圈型换能器

动圈型换能器是目前地震计中常用的一种类型。通常是在摆锤上安装一个线圈,并嵌入磁钢的间隙磁场中,通过线圈在磁场中的运动而产生感应电动势,形成电压信号输出,参见图 4-22。

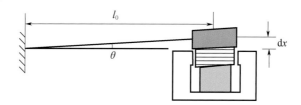

图 4-22　动圈型换能器示意图

根据法拉第定律,线圈在回路中产生的感应电动势为 $e_s = \dfrac{\mathrm{d}\varphi}{\mathrm{d}t}$,$\mathrm{d}\varphi$ 是磁感应通量的变化量。若线圈有 N 匝,线圈半径为 r,磁感应强度为 B,当线圈中心移动距离 $\mathrm{d}x$ 时,则

$$\mathrm{d}\varphi = 2\pi r N B \mathrm{d}x \tag{4-1-35}$$

于是,感应电动势可写成为

$$e_s = 2\pi r N B \frac{\mathrm{d}x}{\mathrm{d}t} = S_{s0} \frac{\mathrm{d}x}{\mathrm{d}t} \tag{4-1-36}$$

由此可见,感应电动势正比于摆锤运动速度 $\dfrac{\mathrm{d}x}{\mathrm{d}t}$,其中 S_{s0} 叫作换能器的电压灵敏度,即每单位速度所产生的电压,用 V·s/m 来量度。S_{s0} 越大,表示地震计的灵敏度越高。

$$S_{s0} = 2\pi r N B \tag{4-1-37}$$

根据式(4-1-36),动圈型换能器的传递函数为 $S_{s0}s$,结合式(4-1-17),可得动圈换能地震计的传递函数:

$$H(s) = S_{s0} H_v(s) = \frac{-S_{s0} s^2}{s^2 + 2\varepsilon_1 s + n_1^2} \tag{4-1-38}$$

这是一个二阶高通滤波器。

对于动圈型换能地震计,灵敏度S_{s0}、阻尼D、自振周期T_0是三个最常用的基本常数,使用S_{s0}、D、T_0三个量,可将式(4-1-38)改写成更常用的形式:

$$H(s) = \frac{-S_{s0}s^2}{s^2 + 4\pi\dfrac{Ds}{T_{0_1}} + 4\dfrac{\pi^2}{T_0^2}} \tag{4-1-39}$$

4.1.3 阻尼器

摆的运动是在一定周期情况下的阻尼振动,其阻尼系数与摆运动的速度成比例。阻尼器的目的是吸收摆固有振动的能量,使所接收的波的振动停止后,摆锤的运动也尽快停下来。由于摆系统中的摩擦和空气阻力很小,需要配置专门的阻尼器才能满足这一要求。常用的阻尼器有气体阻尼器、液体阻尼器、电磁阻尼器等。

气体阻尼器:相对于液体来说,空气的黏滞力太小,一般不能得到较大的阻尼。

液体阻尼器:流体摩擦力正比于物体运动的速度,一般利用液体的黏滞性产生摩擦力,如将翼板置入油槽中或利用充满油的活塞结构。液体阻尼器的优点是结构简单,阻尼力大。缺点是液体的黏滞性随温度变化大。

电磁阻尼器:与摆系统连接的金属环或闭合回路线圈在磁场中运动时产生阻尼作用。电磁阻尼器与动圈型换能器结构相同。将固定在摆上的线圈与外接电阻连成回路,线圈置于固定磁场中。当摆运动时,通过线圈的磁感应通量发生变化,因而产生电动势

$$e_{s11} = 2\pi r_{11}N_{11}H_{11}l\dot{\theta} = G_{11}\dot{\theta} \tag{4-1-40}$$

式中,r_{11}阻尼线圈半径,N_{11}阻尼线圈匝数,H_{11}为磁场强度,l为旋转轴到阻尼线圈中心的距离,G_{11}为阻尼线圈的电动常数。该电动势产生的回路电流为

$$i = \frac{e_{s11}}{R_{s11} + R_D} \tag{4-1-41}$$

式中,R_{s11}为阻尼线圈内阻,R_D为外接电阻。该回路电流产生的力总是与引起电流的线圈运动方向相反。回路电流产生的阻尼力为

$$F = -2\pi r_{11}N_{11}H_{11}i \tag{4-1-42}$$

故对旋转轴的阻尼力矩为

$$M_D = Fl = -\frac{(2\pi r_{11}N_{11}H_{11}l)^2}{R_{s11} + R_D}\dot{\theta} = -\frac{G_{11}^2}{R_{s11} + R_D}\dot{\theta} \tag{4-1-43}$$

式(4-1-43)说明阻尼力矩与阻尼器的电动常数的平方成正比,与摆系统运动角速度成正比,与回路电阻成反比。改变阻尼电阻的值可以调节阻尼的大小。电磁阻尼器体积小,容易制作和调整,目前在地震仪系统中应用非常广泛。

4.2 反馈地震计

4.2.1 反馈地震计的基本原理

大部分长周期地震计和宽频带地震计按照力平衡原理设计制造。力平衡的原理:产生一

个作用于摆锤上的电磁力,其方向与摆锤感受到的惯性力相反,大小基本相等,使得摆锤的运动幅度尽可能小。由于摆锤感受的惯性力正比于地面运动加速度,而作用于摆锤上的电磁力正比于通过电磁线圈的电流,因此,流过电磁线圈的电流就正比于地面运动加速度,于是,我们得到了正比于地面运动加速度的电信号输出。

为了实现力平衡,需要使用一个闭环伺服电路来实现,也就是把地震计传感器的输出信号经过电子电路处理后,形成电流信号输出到地震计的反馈系统电磁线圈中,产生用于平衡摆锤惯性力的电磁力,于是构成了一个机电相互耦合的闭环反馈系统,由于电磁力和惯性力方向相反,这是个负反馈系统。采用这一原理工作的地震计就是反馈式地震计(中国地震局监测预报司,2017)。

构成反馈环路的各个电路部分总是有时间延迟(系统的因果性),就是说负反馈环路是有时间延迟的,而这个时间延迟与频率有关,因此一个稳定的系统总是有频率带宽限制的。为了研究反馈地震计的闭环特性,我们通过推导闭环系统的传递函数并进行分析来认识反馈地震计。

图 4-23 表示出了一般反馈地震计的原理框图,它包括机械摆、换能器和反馈网络,其中反馈网络包含了把电流转换成电磁力的电磁机构的特性。

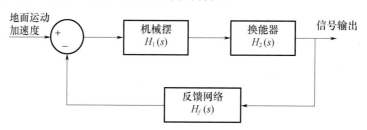

图 4-23　反馈地震计原理框图

由于力平衡的概念对应地面运动加速度,而不是地面位移,我们在推导闭环系统传递函数的时候,总是把地面运动加速度作为系统的输入信号,然后再根据需要对导出的闭环传递函数进行转换。

根据反馈理论,可以得出图 4-23 所示反馈地震计的闭环传递函数

$$H(s) = \frac{H_1(s)H_2(s)}{1 + H_1(s)H_2(s)H_f(s)} \tag{4-2-1}$$

4.2.2　力平衡反馈加速度计

图 4-24 为力平衡反馈加速度计的模型框图。

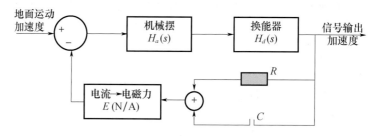

图 4-24　力平衡反馈加速度计原理框图

由式(4-1-18),我们已经得到了摆对地面运动加速度响应的传递函数。由于是负反馈系统,我们就不去考虑局部信号的极性问题了,只需保证整个反馈环是负反馈。于是,把

式(4-1-18)重新写为以下形式

$$H_a(s) = \frac{1}{s^2 + 2D\omega_0 s + \omega_0^2} \tag{4-2-2}$$

式中，D 为阻尼，ω_0 为机械摆的固有振荡角频率，它是摆锤位移对地面运动加速度的响应。

若使用差分电容换能器，则换能器的传递函数为一常数 k

$$H_d(s) = k \tag{4-2-3}$$

若输出电压信号的拉普拉斯变换记为 $V_o(s)$，则流过线圈电流的拉普拉斯变换为

$$I(s) = V_o(s)\left(\frac{1}{R} + sC\right) \tag{4-2-4}$$

则电磁反馈力产生的加速度为（s 域表达式）

$$A_f(s) = V_o(s)\left(\frac{1}{R} + sC\right)\frac{E}{M} \tag{4-2-5}$$

式中，M 为摆锤质量，于是反馈网络转递函数为

$$H_f(s) = \frac{A_f(s)}{V_o(s)} = \left(\frac{1}{R} + sC\right)\frac{E}{M} \tag{4-2-6}$$

根据式(4-2-1)，闭环传递函数为

$$H(s) = \frac{\dfrac{k}{s^2 + 2D\omega_0 s + \omega_0^2}}{1 + \dfrac{k}{s^2 + 2D\omega_0 s + \omega_0^2}\left(\dfrac{1}{R} + sC\right)\dfrac{E}{M}} \tag{4-2-7}$$

即

$$H(s) = \frac{k}{s^2 + \left(2D\omega_0 + \dfrac{kCE}{M}\right)s + \left(\omega_0^2 + \dfrac{kE}{RM}\right)} \tag{4-2-8}$$

对比式(4-2-2)，可以看出闭环反馈后，固有振动角频率增加了，也就是频带展宽了（参考图 4-12)，闭环反馈后固有振动角频率为

$$\omega_c = \sqrt{\omega_0^2 + \frac{kE}{RM}} \tag{4-2-9}$$

闭环反馈后的阻尼可以通过电容 C 的取值来调整。

4.2.3 力平衡反馈宽频带地震计

力平衡反馈宽频带地震计的原理框图见图 4-25，其中反馈支路中的电容 C 的取值应足够大，使得微分反馈支路在有效频带内起到主要作用，以便得到正比于地面运动速度的信号输出。

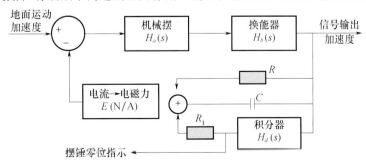

图 4-25 力平衡反馈宽频带地震计原理框图

通过电容 C 的微分反馈支路和积分反馈支路都与频率有关,频率越低,微分反馈力越小,而积分反馈力越大,这两个反馈力的方向是相反的,它们的相位与地震计的输出信号相比分别相差 $-\pi/2$ 和 $\pi/2$。当频率低至某个值时,微分反馈力与积分反馈力相等而互相抵消,这个频率就是反馈地震计的低频拐点频率,对应的周期就是反馈地震计的固有自振周期。在这个频率处,由于微分反馈力和积分反馈力抵消,反馈系统的输出会在该频率处呈现出一个共振峰,电阻 R 的作用就是消除这个共振峰,它是反馈地震计的阻尼电阻。

与力平衡反馈加速度计(图 4-24)相比,力平衡反馈宽频带地震计(图 4-25)只是多了一个积分反馈支路,由于 $H_i(s)=\dfrac{1}{s}$,因此,流过线圈的电流为(s 域表达式)

$$I(s)=V_o(s)\left(\frac{1}{R}+sC+\frac{1}{sR_i}\right) \tag{4-2-10}$$

通常在力平衡反馈加速度计中,采用电流源驱动反馈线圈,线圈的内阻不影响反馈电流的大小。而在力平衡反馈宽频带地震计中,不使用电流源驱动电路,反馈线圈的内阻与反馈电路的阻容网络构成串联连接。考虑反馈线圈内阻后,式(4-2-10)修正为式(4-2-11):

$$I(s)=\frac{V_o(s)}{R_L}\frac{s+\dfrac{1}{RC}+\dfrac{1}{sR_iC}}{s+\left(\dfrac{1}{R}+\dfrac{1}{R_L}+\dfrac{1}{R_i}\right)\dfrac{1}{C}} \tag{4-2-11}$$

式中,R_L 为反馈线圈内阻。一般情况下,反馈线圈内阻要比反馈网络中的其他两只电阻约小 3 个数量级。式(4-2-11)分母中括号内的三项可忽略两项,只保留对应反馈线圈内阻项。于是,反馈网络的传递函数简化为

$$H_f(s)=\frac{A_f(s)}{V_o(s)}=\frac{E}{MR_L}\frac{s+\dfrac{1}{RC}+\dfrac{1}{sR_iC}}{s+\dfrac{1}{R_LC}} \tag{4-2-12}$$

因此,闭环传递函数为

$$H(s)=\frac{H_a(s)H_d(s)}{1+H_a(s)H_d(s)H_f(s)} \tag{4-2-13}$$

将式(4-2-2)、式(4-2-3)和式(4-2-12)代入,得

$$H(s)=\frac{ks\left(s+\dfrac{1}{R_LC}\right)}{s(s^2+2D\omega_0 s+\omega_0^2)\left(s+\dfrac{1}{R_LC}\right)+\dfrac{kE}{MR_L}\left(s^2+\dfrac{1}{RC}s+\dfrac{1}{R_iC}\right)} \tag{4-2-14}$$

为了便于理解,需要对该式进一步简化。首先考虑深度负反馈的情况下传递函数的简化问题。提高反馈深度,最简单的方法是增大 k 值,即增加差分电容位移换能器的增益,或者在差分电容位移换能器之后增加一级放大器。当 k 值很大时,式(4-2-14)分母中左边第一项的贡献将很小,忽略该项后,式(4-2-14)简化为

$$H(s)\approx\frac{\dfrac{M}{EC}s(1+sR_LC)}{\left(s^2+\dfrac{1}{RC}s+\dfrac{1}{R_iC}\right)} \tag{4-2-15}$$

由于 R_LC 较小,主要影响高频段,只考虑低频段时可忽略该项。式(4-2-15)表示地震计对地面运动加速度的响应,忽略分子中 sR_LC 项,并转换为对地面运动速度的响应时,传递函数可写为

$$H_v(s) = \frac{V_o(s)}{X_v(s)} = \frac{V_o(s)}{\frac{1}{s}X_a(s)} = SH(s) = \frac{\frac{M}{EC}s^2}{s^2 + \frac{1}{RC}s + \frac{1}{R_iC}} \tag{4-2-16}$$

这是一个标准的二阶高通滤波器,与动圈型地震计的传递函数形式一致,参见式(4-2-21)。于是,我们可以写出闭环反馈地震计的固有自振周期 T_c

$$T_c = 2\pi\sqrt{R_iC} \tag{4-2-17}$$

它们完全由反馈电路参数决定,与机械摆参数无关。实际情况也是如此,被忽略掉的那项实际影响反馈地震计的高频段。在反馈电路参数典型取值的情况下,式(4-2-14)的分母可近似地分解为两个二次多项式的乘积,传递函数也就可以表达为描述低频段二阶传递函数和描述高频段二阶传递函数之积。对式(4-2-14)进行近似分解,并转换为对地面运动速度的响应,结果为

$$H_v(s) \approx \frac{M}{EC} \cdot \frac{s^2}{s^2 + \left(\frac{1}{RC} + \frac{\omega_0^2 M}{kEC}\right)s + \frac{1}{R_iC}} \cdot \frac{\frac{kEC}{M}\left(s + \frac{1}{R_LC}\right)}{s^2 + \frac{1}{R_LC}s + \frac{Ek}{MR_L}} \tag{4-2-18}$$

式(4-2-18)的右边表示为三项相乘。第一项为反馈地震计的灵敏度;第二项为二阶高通滤波器,增益为 1;第三项为二阶低通滤波器,增益为 1。整个传递函数为一个四阶的带通滤波器。

图 4-25 中积分器的输出是一个准直流慢变信号,该输出信号对地面运动加速度的传递函数经推导,可近似为

$$H_a(s) \approx \frac{R_iM}{E} \cdot \frac{\frac{1}{R_iC}}{s^2 + \left(\frac{1}{RC} + \frac{\omega_0^2 M}{kEC_1}\right)s + \frac{1}{R_iC}} \tag{4-2-19}$$

可见这是一个二阶低通滤波器。该式右边第一项为加速度灵敏度。因此,图 4-25 中积分器的输出信号在比反馈地震计闭环自振周期更长的长周期频段,可作为一个地面运动加速度的观测量使用。例如,在 STS-1 型地震计及 JCZ-1 型地震计中,其 VLP 输出信号就是从内部反馈电路积分器输出端引出的。

对于大部分采用位移换能器的力平衡反馈地震计来说,积分器输出端信号受温度等环境因素的影响较大,通常不作为观测量使用。由于该信号的大小与摆锤偏移平衡位置的程度有关,在一般的力平衡反馈地震计中,常用作摆锤零位指示信号,在地震计内部设计有精确的自动水平调整机构,依据摆锤零位指示信号,进行精确调零。

当运行中的力平衡反馈宽频带地震计受到温度、气压、倾斜、内部部件老化等因素的影响,导致积分器的输出电压超出电路的线性工作范围时,摆锤会持续偏离中心平衡位置,地震计将失去正常观测功能。因此,当发现积分器输出电压比较大时,应考虑启动地震计内部的水平调整功能进行调整。

4.2.4　动圈换能反馈地震计

动圈换能反馈地震计具有结构简单、易于实现的特点,通过引入电子反馈技术,能够将普通短周期动圈型地震计的固有振动周期延长到 20 s,以便记录远震的面波,如北京港震公司生产的 FBS-3 型地震计等。FBS-3 型地震计采用了动圈换能反馈技术,机械摆的固有周期为 2 s,闭环反馈后频带宽度为 0.05~20 Hz。

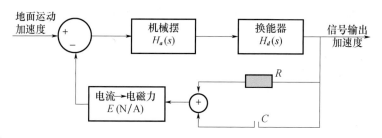

图 4-26　动圈换能反馈地震计原理框图

图 4-26 为动圈换能反馈地震计原理框图。与力平衡反馈加速度计原理框图(图 4-24)相比,除了换能器不一样,其形式是一样的。动圈换能器的传递函数为

$$H_v(s) = S_{s0}s \tag{4-2-20}$$

因此,动圈换能反馈地震计的传递函数为

$$H(s) = \frac{H_a(s)H_v(s)}{1 + H_a(s)H_v(s)H_f(s)} \tag{4-2-21}$$

将式(4-2-2)、式(4-2-8)和式(4-2-20)代入,得

$$H(s) = \frac{S_{s0}s}{s^2\left(1 + \dfrac{S_{s0}EC}{M}\right) + s\left(2D\omega_0 + \dfrac{S_{s0}E}{MR}\right) + \omega_0^2} \tag{4-2-22}$$

令 $G = \left(1 + \dfrac{S_{s0}EC}{M}\right)$,则上式改写为

$$H(s) = \frac{\dfrac{S_{s0}}{G}s}{s^2 + s\left(\dfrac{2D\omega_0}{G} + \dfrac{S_{s0}E}{MRG}\right) + \dfrac{\omega_0^2}{G}} \tag{4-2-23}$$

式(4-2-23)表示地震计对地面运动加速度的响应。转换为对地面运动速度的响应时,传递函数为

$$H_v(s) = \frac{\dfrac{S_{s0}}{G}s^2}{s^2 + s\left(\dfrac{2D\omega_0}{G} + \dfrac{S_{s0}E}{MRG}\right) + \dfrac{\omega_0^2}{G}} \tag{4-2-24}$$

于是,固有振动周期为 $T_c = \dfrac{2\pi}{\omega_0}\sqrt{G}$,即反馈后固有自振周期增加了 $\sqrt{G}$ 倍。为了延长固有自振周期 T_c,需要增大 G,最有效的办法就是大幅提高动圈换能器的灵敏度 S_{s0},或者在动圈换能器后面插入电子放大单元。闭环反馈延长固有自振周期以后,需要调整阻尼,可通过调整电阻 R 进行。

4.3　数据采集器

数据采集器将地震计输出的模拟信号转换为数字信号,转换过程包括模拟信号的采样和量化,以及数字信号的采样率变换。采样将模拟信号转换为时间离散信号,量化是对每一个采样的幅值进行测量并用数字编码表示。根据采样定理,为了保证在采样过程中不发生频率混叠现象,对模拟信号往往使用很高的采样率进行采样,以简化去假频滤波器的设计。对于高采

样率的采集数据，使用数字滤波器进行滤波抽取，最终得到低采样率的数据。除此之外，地震数据采集器还应具有时间服务功能、数据传输功能等。

4.3.1 采样定理

采样是将模拟信号（时间连续信号）离散化的过程，它仅抽取时间连续信号波形某些时刻的样值。采样分为均匀采样和非均匀采样，当采样时刻取均匀等间隔点时为均匀采样，否则为非均匀采样。在均匀采样的情况下，单位时间抽取的样点数称之为采样率。

采样的简单模型见图4-27，它是由一个在既定的时间内周期性地闭合的开关构成，这可以看作为两个输入信号相乘的过程，其输出信号是开关的控制信号与输入信号的乘积。控制信号是一列周期性的脉冲，可以用傅里叶级数表达为

$$P(t) = \sum_{n=-\infty}^{\infty} \frac{h\tau}{\Delta T} \cdot \frac{\sin(\pi n f_s \tau)}{\pi n f_s \tau} \cdot e^{i2\pi n f_s \tau} \tag{4-3-1}$$

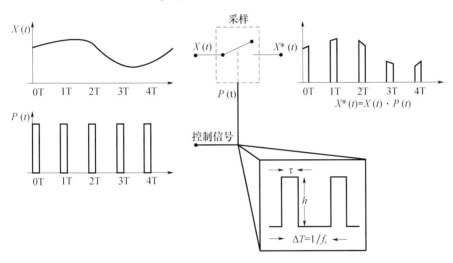

图 4-27　模拟信号的采样示意图

令 $A = h\tau$，表示单个脉冲的能量；由于 $\lim\limits_{\tau \to 0} \dfrac{\sin(\pi n f_s \tau)}{\pi n f_s \tau} = 1$，于是

$$P(t) = \frac{A}{\Delta T} \sum_{n=-\infty}^{\infty} e^{i2\pi n f_s \tau} \tag{4-3-2}$$

$$x^*(t) = x(t) \cdot P(t) = x(t) \frac{A}{\Delta T} \sum_{n=-\infty}^{\infty} e^{i2\pi n f_s \tau} \tag{4-3-3}$$

$x^*(t)$ 的傅里叶变换为

$$x^*(f) = \frac{A}{\Delta T} \int_{-\infty}^{\infty} \left(x(t) \cdot \sum_{n=-\infty}^{\infty} e^{i2\pi n f_s \tau} \right) \cdot e^{-i2\pi n f_s \tau} dt \tag{4-3-4}$$

即

$$x^*(f) = \frac{A}{\Delta T} \sum_{n}^{\infty} X(f - n f_s) \tag{4-3-5}$$

由此式可以看出，输出信号 $x^*(t)$ 的频谱变成一个无限数目的频谱系列，在这个频谱系列中，只有 0 阶（$n=0$）为 $x(t)$ 的频谱 $X(f)$，除此之外为信号 $x(t)$ 的假频。为了说明这个现象，参见图4-28，输入信号频谱从 22 Hz 开始下降，25 Hz 处已经下降至 -80 dB，经过每秒 50 次采样后，

输入信号频谱重复出现在 50 Hz、100 Hz、150 Hz 等处,并在 25 Hz、75 Hz 等处产生频率混叠。

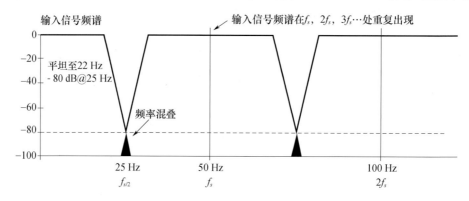

图 4-28　频率混叠现象示意图

图 4-29 给出了频率混叠现象的时域解释,它更清楚地表明了不同频率的信号,经采样后得到同一个序列。也就是说,当出现大于 1/2 采样率的信号时,最终的采样序列中是无法区分出来的。

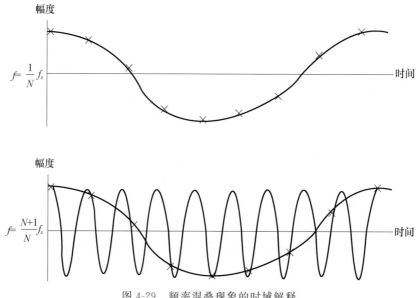

图 4-29　频率混叠现象的时域解释

采样定理:若连续信号 $x(t)$ 是有限带宽的,其频谱的最高频率为 f_c,对 $x(t)$ 采样时,若采样频率 $f_s \geqslant 2f_c$,那么,可由 $x(nT_s)$ 恢复出 $x(t)$,即 $x(nT_s)$ 保留了 $x(t)$ 的全部信息。

根据采样定理,被采样的模拟信号必须是有限带宽的信号。在地震数据采集中,需使用一个低通滤波器来衰减某个频点以上的信号和噪声,以保证在 1/2 采样率以上的频带中,残留信号的幅值小于量化误差或设计的最小分辨下限。因该低通滤波器的作用是为了防止采样过程中出现频率混叠效应,常称之为去假频滤波器。

4.3.2　模拟数字转换器

模拟信号经过采样转换为时间离散信号,再经过模拟数字转换器(ADC)进行量化,并转换为有限字长的数字编码,才能得到数字信号。

因为数字信号仅由有限字长的数字编码组成,用数字编码表示连续值域的信号时必然产生量化误差。图 4-30 所示为理想的 3 位 ADC 的量化误差。

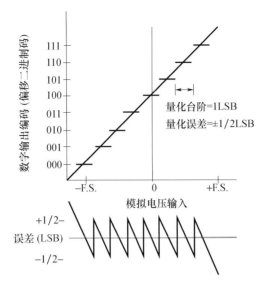

图 4-30　3 位模拟数字转换器量化误差

ADC 能够输出的数据位数越多,量化误差越小,分辨力越高。把 ADC 的量化误差看作量化噪声,一个具有 N 个二进制位的理想 ADC,分辨力为 2^{-N},最大信噪比可达到

$$SNR = 6.02N + 1.76 \tag{4-3-6}$$

当 ADC 的位数足够多时(大于 20 位),影响 ADC 分辨力的因素可能不再是量化误差,而是 ADC 的自身噪声。

ADC 芯片有很多品种,其工作原理、转换速度、分辨力等技术参数各不相同,以用于不同的用途。在地震数据采集中,主要使用高分辨力、大动态范围的 ADC 芯片。图 4-31 为两种常用于地震数据采集器中的 24 位 ADC 芯片在输入正弦信号时转换结果的频谱分析,左图为德州仪器公司的 ADS1281,右图为凌云逻辑公司的 CS5371。可见两种芯片的本底噪声处于同一水平,动态范围也基本一致。

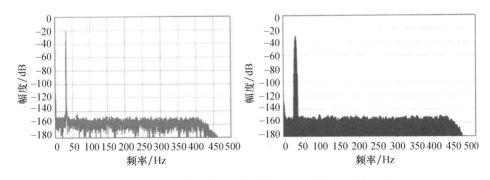

图 4-31　24 位模拟数字转换器输入正弦信号时的幅度谱

早期的地震数据采集器大部分采用 16 位的逐次比较式模数转换器,其概念基于在一个反馈环里将模数转换器与比较器和移位寄存器结合起来,如图 4-32 所示。这种模数转换器需要循环 n 次来分辨 n 位的二进制输出码,完成一个采样的量化。每次转换时,该系统首先从最高

有效位(MSB)开始,对于每一次循环,比较器都给出一个输出,表示输入信号的幅度比数字模拟转换器 DAC 的输出大还是小,若 DAC 输出大,数位就重新设定。这样从 MSB 开始,然后是次高有效位,依次类推。经过 n 次循环比较,DAC 的所有数位都已设置,这些数位就是转换结果,至此转换完成。由于每一次模数转换都是独立进行的,于是对于多路模拟输入通道,在配置了采样保持电路和多路切换开关电路时,可以共用一个 ADC 器件。

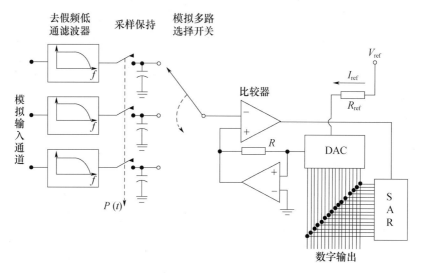

图 4-32　逐次比较式模数转换器

在现代地震数据采集器中,常采用高分辨增量－总和调制器实现模拟数字转换。图 4-33 示出了一个简单的一阶增量-总和调制器。其工作原理为:待采样的输入信号与 1 位 DAC 的输出一道进入加法放大器,其差分信号经积分后进入选通比较器,此比较器的输出以高出模拟信号频率很多倍的频率(即实际的采样频率)对差分信号进行采样。这种比较器的输出为 1 位的 DAC 提供数字输出,因而系统的功能就像一个负反馈环路通过对输入的跟踪将差分信号最小化。代表模拟输出电压的数字信息编码为正负极性的脉冲序列在比较器输出,它可以应用数字滤波器重新得到并行的二进制的数据字。

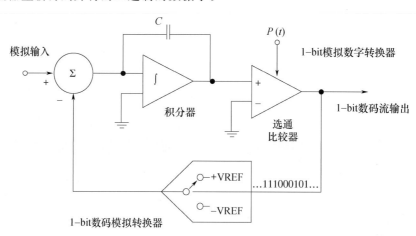

图 4-33　一阶增量-总和调制器原理示意图

实际使用的高分辨力的增量-总和调制器是四阶的,可以在较低的采样频率下得到较高的分辨力,如美国德州仪器公司的 24 位 ADC 芯片 ADS1281,美国凌云逻辑公司的 24 位 ADC 芯片 CS5371。

图 4-34 示出了增量-总和调制器输出的 1-bit 码的频谱分布,以及所需的数字滤波器的频率特性。增量-总和调制器输出的 1-bit 码经过数字滤波器滤波后,得到多 bit 码输出,输出采样率也可以大幅度降低。模拟输入信号经过增量-总和调制器后转换为 1-bit 码输出,此 1-bit 码包含的量化噪声不是在频域均匀分布的,而是集中在高频段,在接近直流的低频段量化噪声非常小,也就意味着在低频段可以得到很高的模数转换的分辨力。

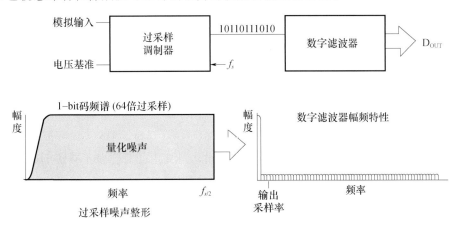

图 4-34 增量-总和调制器输出的 1-bit 码频谱和数字滤波器的频率特性

使用增量-总和调制器完成模拟数字转换,需要仔细设计数字低通滤波器。实际的增量-总和模数转换器芯片往往集成了配套的数字滤波器部分或提供配套的数字滤波器芯片,如凌云逻辑公司的 CS5321 和 CS5371 是四阶的增量-总和调制器芯片,配套的数字滤波器芯片为 CS5322 和 CS5376,这些芯片常用于当代的地震数据采集器中。

4.3.3 数字滤波与输出采样率

采样定理也适用于数字信号的二次采样(抽样),以便从一个高采样率数字信号抽样出一个新的低采样率数字信号。使用数字信号抽样技术进行采样率变换,在现代信号采集中广泛使用。

根据采样定理,应保证抽取前输入数据流的频谱不超出输出采样率的 1/2。因此,应在抽取时对输入数据流进行滤波,使输入数据流的频谱分布范围满足抽取的要求。现代地震数据采集器多采用 24 位 ADC 芯片,在 ±10 V 量程的情况下,分辨力可达到 1.2 μV。假设使用七阶巴特沃思低通滤波器设计高频截止频率为 40 Hz 的去假频滤波器,需要 10 倍频程才能衰减 140 dB,即在 400 Hz 处低通滤波器的衰减量才能与 24 位 ADC 芯片的量化误差相匹配。这种情况下,采样率的合理选择是 800 sps(sps 即每秒采样点数)。使用数字抽取技术,应用数字滤波器进行去假频滤波,能够实现以 100 sps 的低采样率数字信号来表示高频上限为 40 Hz 的模拟信号,采样率只是使用模拟滤波器时的 1/8,大大减少了数字信号的数据量。因此,数字抽样技术成为现代地震数据采集的核心技术之一。

作为示例,图 4-35 给出了一个用于 2:1 抽取的 FIR 数字滤波器幅频特性。该滤波器的通带为 0~40 Hz,阻带为 50~100 Hz,阻带衰减为 150 dB。使用该滤波器对采样率为 200 sps 的数字信号进行滤波,滤波后的数字信号可以每隔一个采样点保留一个采样点,从而得到采样率为 100 sps 的数字信号。该滤波器可用于 24 位数据采集器实现 2:1 的采样率变换。

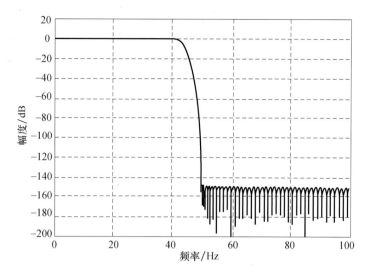

图 4-35　用于 2：1 抽取的 FIR 数字滤波器幅频特性

在 EDAS-24GN 数据采集器中，为了得到多种采样率输出的数字信号，采用了较为复杂的多级滤波与抽取运算，如图 4-36 所示。输入数字信号的采样率为 2000 sps，通过数字滤波与抽取，产生了 7 种采样率的数字信号，这些采样率的数字信号可同时输出。

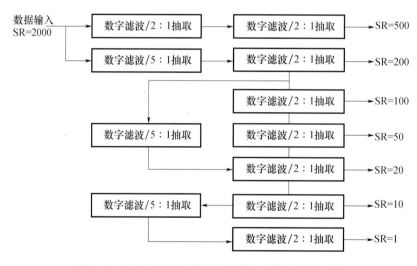

图 4-36　EDAS-24GN 数据采集器中的数字滤波运算

在地震数据采集器中，一般使用 FIR 型的数字滤波器。FIR 型数字滤波器可以设计成线性相位特性，也可以设计成最小相位特性，具有线性相位特性的数字滤波器对不同频率的信号具有相同时间延迟；最小相位 FIR 数字滤波器则具有最小的滤波器时延。具有与图 4-35 所示幅频特性相同的 FIR 数字滤波器，分别按照最小相位和线性相位实现，其单位冲击响应和相位特性曲线见图 4-37。两种相位特性 FIR 滤波器的传递函数零点分布是不同的；对于阻带，两者的零点分布相同，均位于单位圆上；对于通带，线性相位 FIR 滤波器的零点一半分布在单位圆内，另一半分布在单位圆外，关于圆周对称分布的两个零点，其相角相同，模互为倒数；而最小相位 F1R 数字滤波器在单位圆外无零点，单位圆内均为双重零点，且与线性相位 FIR 滤波器在单位圆内的零点分布相同（图 4-38）。线性相位 FIR 数字滤波器的单位冲击响应波形的左半边与右半边是对称的,当输入数据中含有类似尖峰的波形时,如近震地震波初始震相,线性相位滤波器将会在初动半波之前产生较小的扰动波,容易造成初动震相极性的识别错误。而最小相位特性 FIR 数字滤波器则不会产生这种现象。因此,大多数地震数据采集器同时提供了两种相位特性的数字滤波器,供使用时选择。

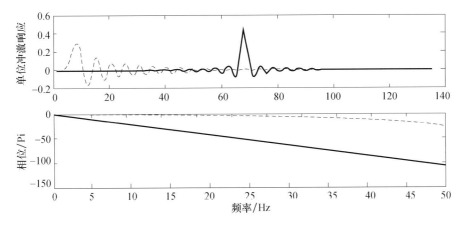

图 4-37　线性相位和最小相位 FIR 滤波器的冲击响应和相移
(实线表示线性相位 FIR 滤波器,虚线表示最小相位 FIR 滤波器)

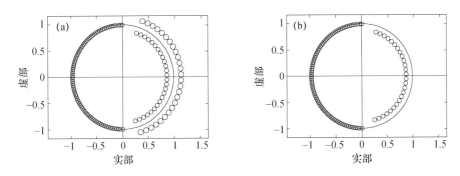

图 4-38　线性相位(a)和最小相位(b)FIR 滤波器的零点分布

数字滤波运算不可避免带来附加延时,单级 FIR 数字滤波器时延的大小与滤波器系数长度及滤波器相位特性有关,如线性相位 FIR 数字滤波器的理论时延为滤波器系数长度的一半(以采样周期为单位)。因此,FIR 数字滤波器输出样点的采样时刻需要进行延时修正,这种修正在数据采集器内部完成,以保证输出数据流中的时间编码正确地标示采样点的采样时刻。

4.3.4　采样率变换

采样率变换是指对数字信号进行抽取或内插。抽取操作用于降低采样率,内插操作用于升高采样率。一般情况下,采样率变换按照整数倍进行。若采样率变换系数为分数,可通过先内插再抽取的方法实现。

降低采样率时,由于抽取后的采样率低于抽取前的采样率,需要在抽取前进行数字去假频滤波,因此,降低采样率将损失一部分频谱成分,损失的频谱成分主要是频率大于 1/2 输出采样率的部分,在略小于 1/2 输出采样率的频带,由于数字滤波器幅频特性处于通带到阻带的过渡区,也有一部分信号损失,图 4-35 中的 40~50 Hz 即为数字滤波器的过渡带。

降低采样率不仅用在数据采集器内部,也用于一般的数据分析或数据处理中,特别是应用地震波观测资料研究地球自由振荡等长周期信号时,往往需要对数小时甚至数天的数据进行频谱分析,将采样率由 100 sps 降低至 1 sps 或更低,可大幅度降低数据量,提高数据处理的效率。

在两个数据点之间插入一个或多个新的数据点,称为内插。内插将升高采样率,是抽取的逆过程,但是不能再生抽取过程中滤除的信息。

内插也可看成是采样波形重建过程。在绘制地震波形图时,将两个采样点用线条连接起来的操作事实上就是重建两个采样点之间波形的过程。内插方法有线性内插、多项式内插、数字滤波器内插等。一般在绘制波形图时将两个采样点用直线连接起来就是线性内插过程。对于等间隔均匀采样数字信号,数字滤波器内插是非常有效的方法。数字滤波器内插的运算流程参见图 4-39,图中 1:N 内插是指在两个相邻的样点之间插入 $N-1$ 个 0。

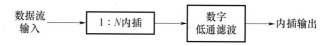

图 4-39　数据内插计算流程

一个数字序列经过内插 0 值,其频谱分布将发生变化,如图 4-40 所示,其中(a)表示原始数字信号的频谱分布,采样率为 f_s;(b)表示两个数据点之间插入一个 0 后的频谱分布,插 0 后采样率为 $2f_s$,在 $f_s/2$ 至 f_s 频段内出现了原信号频谱的镜像;(c)表示两个数据点之间插入两个 0 后的频谱分布,插 0 后采样率为 $3f_s$,在 $f_s/2$ 至 f_s 频段内出现了原信号频谱的镜像,在 f_s 至 $3f_s/2$ 频段内也出现了与原信号频谱分布一样的假频。由于插入 0 值并没有改变数字信号的能量,故原频谱的幅值变小。因此,只需要使用数字滤波器滤除因插入 0 值而出现的假频频谱成分,只保留 0 至 $f_s/2$ 之间的频谱成分即可完成内插,升高采样率。由于滤波后数字信号的幅度变小,因此,应将 N 作为增益校正因子对信号幅度进行校正。

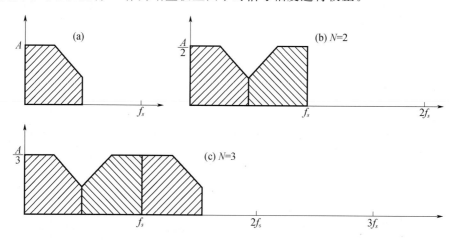

图 4-40　数字信号用 0 值内插后的频谱分布

作为数字滤波器内插示例,使用 100 sps 的采样率对频率为 10 Hz、25 Hz 和 40 Hz 正弦信号的线性组合进行采样,被采样的模拟信号由以下公式计算:

$$y=5\sin(20\pi t)+4\sin(50\pi t)+3\sin(80\pi t) \tag{4-3-7}$$

采样得到的数字信号波形参见图 4-41,采样点由符号"＋"标记,图 4-41 中下方的波形为采样数字信号经 1:4 内插后得到的,内插后采样率为 400 sps,计算得到的采样点使用符号

"•"标记。用于内插滤波的滤波器为线性相位 FIR 滤波器,通带为 DC-40 Hz,阻带为 50～200 Hz,阻带衰减大于 100 dB。

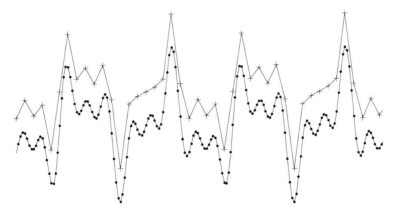

图 4-41 正弦模型数据采样信号的数字滤波器内插示例

输入数字信号采样率为 100 sps(上),内插后采样率为 400 sps(下)

对 40 Hz 正弦波来说,使用 100 sps 的采样率进行采样,每个周期不足 3 个样点,在图 4-41 中可见,当采样点正好位于 40 Hz 正弦波的过零点附近时,该局部 40 Hz 正弦波的震荡幅度将表现得很小。经过滤波器内插后,内插采样点的值仍然能够计算出来。

4.3.5 数据采集器基本构成

1)地震数据采集器基本构成

地震数据采集器的主要功能就是将地震计输出的模拟信号放大、滤波,转换为数字信号。图 4-42 示出了地震数据采集器的典型功能结构框图,包括输入放大器、低通滤波器、模拟数字转换器、GPS 授时系统、标定信号发生器、数据存储器、通信接口、中央处理器(CPU)等功能部分。

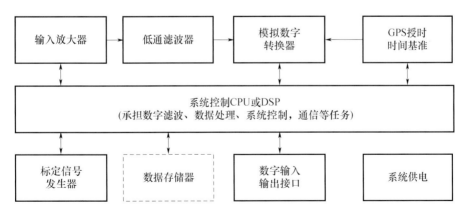

图 4-42 地震数据采集器结构框图

输入放大器用于将地震计输出的模拟信号幅度调理(放大)到适合于 ADC 的输入范围,即用于匹配地震计的测量范围和 ADC 的测量范围。

低通滤波器作为去假频滤波器,用于保证模拟信号在采样前是限带信号,以满足采样定理的要求。在使用 Delta-Sigma ADC 芯片的数据采集器里,低通滤波器可以简化为 ADC 芯片模拟输入端的一阶 RC 无源滤波器。

模拟数字转换器(ADC)用于将模拟信号转换为数字信号。目前的主流产品则全部采用了 24 位 ADC 芯片。ADC 芯片的性能指标对于地震数据采集来说至关重要,它决定了数据采集器的关键技术指标,也决定了采集数据的质量。

所有地震数据采集的一个重要技术特征是对采集数据标识采样时刻,因此,地震数据采集器内部应具有时间基准,并与外界时钟同步。GPS 接收机或北斗终端设备能够提供稳定的高精度授时信号以及地理位置信息,是地震数据采集器不可缺少的组成部分。

所有地震数据采集器配置有通信接口,用于传输采集的数据以及控制命令等。早期的数据采集器常采用 RS-232 或 RS-232 兼容串行接口来传送数据,而目前由于网络技术的快速发展,越来越多的采集设备集成了网络通信接口,以便地震数据采集器能够直接接入计算机网络系统。

数据存储器指用来存储采集数据的大容量存储设备,可以是磁盘、磁带数据记录设备、各种闪存卡等。对于采用实时数据传输的观测台站来说,本地数据存储功能不是必需的,可以不配置数据存储器。数据采集器记录采集数据时有两种工作方式,一种是连续记录,也就是将采集数据连续不断地记录到存储器中;另一种是事件触发记录,也就是只记录可能是地震波的那部分数据。地震数据采集器利用事件检测算法来识别地震事件。

尽管标定信号发生器与数据采集过程无关,但几乎所有的地震数据采集器都内置了标定信号发生器。通过设置参数,能够输出正弦波、方波脉冲、伪随机二进制信号等波形,这些信号被送到地震计,用于检验地震计的参数是否发生变化。

中央处理器(CPU)是数据采集器的核心控制部件,用于控制采集过程、数据处理、管理数据传输等。对于支持网络接入功能的数据采集器,往往在 CPU 上运行嵌入式操作系统,以支持文件系统和网络协议,以及面向多用户同时提供实时数据传输服务。

2)地震数据采集器的时间服务

地震数据采集器需要计时时钟来标识数据的采样时刻。现代的地震数据采集器都配置了内部的计时时钟,内置北斗授时终端(GPS 授时接收机)或具有标准授时信号输入接口并配置其他标准时间设备用来提供标准时间信号,以便随时修订数据采集器内部的计时误差。数据采集器时钟一般采用协调世界时(UTC)。

数据采集器内部时钟与外界的标准时钟信号同步的方法取决于设计的目标。一般情况下,数据采集设备的内部计时时钟运行连续可靠,与标准时间相比会产生漂移误差,而用于提供标准时间信号的设备,如 GPS 接收机,容易受到天气、卫星信号起伏、各种外界电磁干扰等因素的影响,使得输出信号短时间内中断,通常地震数据采集设备只依靠内部时钟工作,在外部时间标准信号有效的情况下,不断地将内部时钟与外部的标准时间信号对比,并修订内部计时时钟,即数据采集器使用内部时钟守时,依靠标准时间接收设备进行授时,以保证内部时钟的绝对时间偏差不大于规定值。

3)地震数据采集器的主要功能

① 数据采集。这是地震数据采集器的基本功能。一般地震数据采集器具有 3 个采集通道或 6 个采集通道,可连接一个或两个三分向地震计。

② 数字滤波。用于采样率变换过程作去假频滤波。一般配置线性相位数字滤波器和最小相位数字滤波器,使用时可选。

③ 实时数据传输。具有按照规定的数据格式和协议传输实时数据的功能;反馈重传功

能,用于实现无差错数据传输。

④ 数据记录与回放。能够存储连续观测数据和事件数据,并具有数据回放的功能和数据存储空间自动维护功能。

⑤ 数据压缩。对采集数据进行压缩,用于数据记录和实时数据传输。

⑥ 事件触发与参数计算。具有事件触发、预警参数计算和仪器烈度计算功能。

⑦ 网络接入。具有网络参数配置功能,包括 IP 地址、网关等参数。

⑧ 标定信号输出。能够输出脉冲标定信号、正弦波组标定信号,标定信号的参数可设置,具有定时启动标定信号输出的功能。

⑨ 卫星授时及时间同步。具有北斗授时功能和 GPS 授时功能,可同时具有 NTP 授时功能。

⑩ 地震计监控。能够向宽频带地震计输出锁摆、开锁、调零、标定允许等控制信号,能够连续监测摆锤零位。

⑪ 运行日志记录。

⑫ 远程管理。

4)地震数据采集器的主要技术参数

① 输入量程与量化因子

数据采集器输入量程指模拟信号输入端的电压测量范围。数据采集器一般提供几个不同的输入量程,以便与不同型号的地震计配接。使用时,可根据地震计的灵敏度和台基噪声合理选择数据采集器的量程。

地震数据采集器一般不将 ADC 输出的数字数转换为电压量或其他物理量,而是将 ADC 输出的数字数直接记录或传输。数据采集器内部的数字滤波运算也并没为 ADC 的输出数据赋予某个物理量单位。为了表达方便,常将 ADC 输出的数字数的"单位"称为 count,用 count 代表最小的数字数"1"。

数据采集器的量化因子是一个常量,用于将数字数转换为电压量。数据采集器的每一个量程均对应一个量化因子。例如,一个 24 位数据采集器,数字数编码范围为 $-8388608 \sim 8388607$,若工作在 ± 10 V 量程,则量化因子为 $1.192\ \mu\text{V/count}$。

② 采样率与频带宽度

数据采集器一般提供多种输出采样率供使用时选择。有的数据采集器还能够同时提供不同采样率的实时数据流传输给不同的用户使用。

数据采集器的频带宽度与采样率相关,为了得到最大的数据编码效率,数据采集器的频带上限取为采样率的 0.4 倍,非常接近 1/2 采样率。

③ 动态范围与分辨力

数据采集器的动态范围指数据采集器的一个指定量程可采集的最大信号幅值与最小可分辨信号幅值之比,常用 dB 表示。由于最小可分辨信号受到噪声的限制,在测量动态范围指标时,常用满量程与该量程下零输入信号噪声有效值之比来计算。

分辨力指数据采集器分辨小信号的能力。影响分辨力的因素是 ADC 的字长和系统噪声。

④ 线性度误差和总谐波失真度

线性度误差和总谐波失真度都是用于描述数据采集器的非线性特性的,基于不同的测试方法定义。

线性度误差定义为校准曲线与规定直线之间的最大偏差。理想情况下,数据采集器输出数据的值与输入电压为线性关系,而实际上数据采集器的输入-输出关系不是严格的线性关系,数据采集器的线性度误差就是描述输入-输出关系偏离线性关系程度的一个技术参数。

由于数据采集器的输入-输出关系存在非线性,当输入信号为一个正弦信号时,其采集数据中的正弦信号将出现畸变(波形失真),这种畸变称之为谐波失真,即输出数据的傅里叶谱中除了输入信号的频谱分量外,还出现了该信号的各个高次谐波。数据采集器的总谐波失真定义为,理想正弦信号输入时,数据采集器输出数据的谐波含量的有效值与该输出数据的有效值之比。

⑤ 输入电阻

数据采集器的输入电阻指数据采集器输入放大器的输入端等效电阻。当数据采集器与地震计连接时,数据采集器的输入电阻与地震计的输出电阻构成了一个分压网络,将对地震计的输出信号进行衰减,从而使得采集数据的值偏小。数据采集器的输入电阻越大,这种信号衰减效应越小。当数据采集器配接宽频带反馈地震计时,由于宽频带反馈地震计输出电阻极小,前述信号衰减效应可以忽略。

⑥ 共模抑制比

数据采集器的模拟信号输入端通常采用平衡差分方式,具有正、负两个输入端。将一个电压信号同时加在正、负输入端上,该电压信号即为共模信号。同一根信号电缆内的两根信号线感应的干扰信号即表现为共模信号。共模抑制比指输入共模信号与输出数据中的共模信号之比。共模抑制比越大,抗共模干扰的能力越强。

⑦ 时钟漂移率和时间同步误差

数据采集器的时钟漂移率描述数据采集器内部时钟的守时能力,定义为单位时间内产生的钟差。时间同步误差描述数据采集器内部时钟与标准时间信号同步时的时间偏差,时间同步误差越小,说明授时精度越高。

第 5 章
井下短周期与宽频带地震计

我国从二十世纪七十年代中期开始对深井地震观测系统开发研究。研制的井下短周期地震计有 JD-2 型、JDF-1 型和 FSS-3DBH 型等。研制的井下宽频带地震计有北京港震机电技术有限公司的 BBVS-60DBH 井下宽频带地震计，北京市地震局(北京赛斯米克)JDF-2 型井下宽频带地震计、珠海市泰德企业有限公司 TBV-60B 井下宽带地震计等。本章分别给予介绍。

5.1 JD-2 型与 JD-2F 型井下短周期地震计

5.1.1 JD-2 型井下短周期地震计

JD-2 型深井地震计是我国最早研制并批量生产的深井地震计，自 1981 年以来，已在全国十多个省份 60 多个台站广泛使用(李凤杰 等，1989)，为我国井下地震观测技术奠定了基础。

JD-2 型深井三分向地震计是由一个垂直向和两个水平向组成(图 5-1)。当井斜为 5°时垂直向周期变化不大于±5%。水平向具有专门的自动调零系统。众所周知，井下地震计由于受体积和外形的限制，不能采用地面常用的旋转式复摆形式。JD-2 型深井三分向短周期地震计的垂直摆实际是螺旋簧悬挂的位移摆，水平向则是"门簧"支撑的倒立摆。它具有体积小、灵敏度高、性能稳定、适应性强等特点。

总体技术指标：摆的固有周期为 0.8～1.2 s(可调)；空气阻尼<0.01；工作阻尼为 0.5；阻尼电阻为 500～1000 kΩ；输出灵敏度为 7～10 V·s/cm；定向底座外径为 106 mm；密封舱外径为 94 mm；密封舱长度为 1400 mm；耐压为 100 个大气压；适应井斜<5°；适应温度为 −10～+60 ℃；定向精度为 1°～5°。

JD-2 型深井地震计的最大特色是系统性能稳定可靠，密封质量优良。

密封舱由密封筒和密封头组成(图 5-2)。密封舱三分向地震计是安放到井下的，设计指标1000 m 深度。长期在深井里工作首先要解决密封问题，需要隔水、隔油、隔气。这些流体中都含有较多的腐蚀物质。因此，选择合理的结构设计方案和耐腐蚀的密封材料，对于密封效果有显著的作用。深井三分向地震计采用了"O"形圈密封和硬密插件相结合的密封方法(胡履端，1989)。

密封材料选用防油性能好、耐压强度高、密气性能较好、电绝缘性能佳、造价便直的丁腈胶。

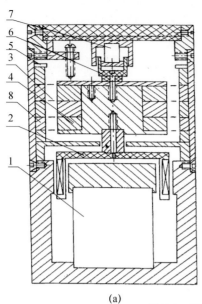

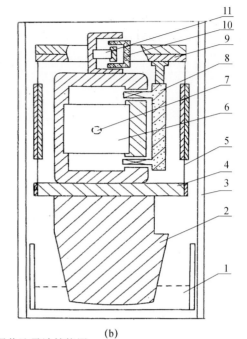

(a)　　　　　　　　　　　　　　　(b)

图 5-1　JD-2 型深井地震计结构图

(a):1—磁钢;2—线圈;3—弹簧片;4—重锤;5—卡环;6—标定线圈;7—标定磁钢;8—外壳

(b):1—熔蜡槽;2—铅锤;3—外壳;4—内座;5—弹簧片;6—磁钢;7—轴;8—线圈;

9—摆锤;10—标定线圈;11—标定磁钢

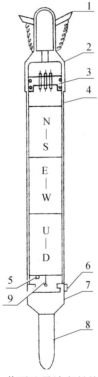

图 5-2　井下地震计密封舱布局图

1—扶正器;2—上盖;3—密封头;4—密封筒;5—定向销;

6—导向块;7—对位头;8—导向器;9—方位刻线

定向底座是为了使水平向仪器在井下也能处在地理正北南及东西方向,专门设计了一个具有导向、定位锁固特性的底座。定向底座是由导向滑口、定位缺口和锁紧器组成。

电缆应力解除器是由与电缆钢丝绳连接器和由密封舱自重解除锁紧器组成。井下电缆是由承拉的钢丝绳及传导电讯号的绝缘芯线组成。钢丝绳放在芯线内者称为内承拉电缆,放在芯线外者称为外承拉电缆。由于钢丝绳的重量大且具有一定扭力,故不能把电缆直接连在仪器密封筒上,否则在井下无法定向。电缆应力解除器是一个过渡机构。承拉钢丝绳通过孔与应力解除器相连,然后用细软钢丝绳把应力解除器和仪器密封筒相连,电缆芯线在不受张力状况下与仪器相连。这样仪器(或陀螺)就可顺利地滑入定向底座。

5.1.2　JD-2F 型井下短周期地震计

二十世纪九十年代,中国地震局开始稳步实施全面发展数字化地震观测的计划,数字地震台网建设对仪器系统提出了新的指标要求。JD-2F 型地震计就是在 JD-2 型三分向深井地震仪的基础上,经过进一步的技术改进并引入电子反馈技术而生成的(胡履端 等,2005)。

1)改造思路和技术指标

(1)改造思路

① 在改造工作中保留 JD-2 型深井地震仪所具有的全部优点。

② 使改造后的频带由原来的 1~20 Hz 扩展到达到 1~40 Hz,动态范围大于 120 dB。

③ 采用力平衡式反馈地震计的改造方案对地震计进行改造。在不影响地震计技术指标先进性的前提下,不改变原地震计的基本机械结构。

④ 在仪器改造的研制工作中,全部采用经过实际应用的成熟、可靠技术。

(2)主要技术指标

JD-2F 型地震计的主要技术指标见表 5-1,幅频特性见图 5-3。

表 5-1　JD-2 型和 JD-2F 型地震计技术指标对照表

名称	单位	JD-2 型地震计指标	JD-2F 型地震计指标
固有周期	s	1	1
频带		1~20 Hz(3 dB)	1~40 Hz(3 dB)
灵敏度	V·s/m	大于 700(单端输出)	大于 900(双端输出)
动态范围	dB	未列出	大于 120
寄生共振频率	Hz	未列出	大于 80
阻尼系数		0.5	0.7
电源要求		无	直流 10~14 V,功耗小于 1 W
使用温度	℃	−10~+60	0~+45
密封耐压	大气压	100	100
倾斜 5°时的要求		可正常使用 (水平向摆可自动调平)	周期、阻尼、灵敏度变化小于 2%,最大输出信号的总谐波失真小于 −70 dB(水平向摆可自动调平)
仪器可附着井径	mm	未列出	115~160
外形尺寸	mm	外径 106,高度 900	定向底座外径 106,密封筒外径 94,高度 900

2)结构特点

JD 2F 型井下地震计与 JD 2 型深井地震计结构上一样,可分成底座、应力解除器、密封筒、水平向地震计、垂直向地震计 5 部分。就 JD-2F 型井下地震计而言,它保留了 JD-2 型深井地震计中原有的底座部分和应力解除器部分。对其密封筒部分也仅改制了密封头,从 7 孔密封头改制成 12 孔密封头。

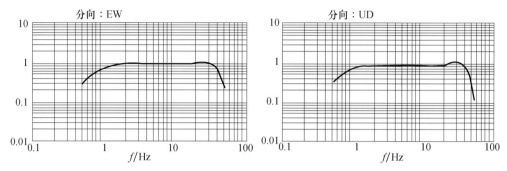

图 5-3　JD-2F 型幅频特性曲线

　　JD-2F 型井下地震计引入了电子反馈技术。电路板分别与地震计组装一体成为三个独立的力平衡反馈式速度地震计。电子反馈电路采用已在 BKD-2 型三分向宽频带地震计实际使用过的成熟技术。电路未连接时,地震计的固有频率为0.1 s,而当反馈电路连上时,固有周期延至 1 s。其基本原理是机械摆的线圈在磁钢内做切割磁力线运动,产生正比于相对运动速度的感应电压,该电压经过放大后输入至反馈电路,产生的反馈电流通过同样处在磁场中的反馈线圈,在惯性体上产生一个反馈力,阻止惯性体的运动,反馈力的大小正比于输出电压和相对运动速度,反馈力的相位与相对运动相反,从而延长固有周期。电压信号经电子线路的放大,低通滤波和差分后输出。仪器采用单电源供电,输入电压范围 10~14 V,经内部电路转换,稳压输出±9 V 工作电压。

　　水平向摆的机械结构与 JD-2 型相同,但是根据反馈地震计设计重新绕制线圈,同时也改变了弹簧片的厚度,调整了地震计的自然频率(图 5-4)。对于垂直向摆,根据反馈地震计的设计重新绕制了线圈。其弹性系统结构不做改变,在原结构的基础上增加了一对横肋簧片,调整了地震计的自然频率,同时提高了机械摆本身的横向谐振频率(图 5-5)。

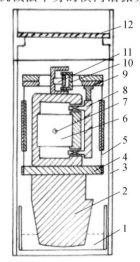

图 5-4　JD-2F 型水平向摆结构图

1—熔蜡槽;2—铅锤;3—外壳;4—内座;5—弹簧片;6—磁钢;7—轴;8—线圈;
9—摆锤;10—标定线圈;11—标定磁钢;12—电路板

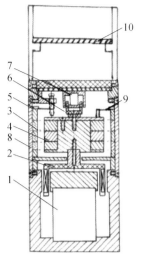

图 5-5　JD-2F 型垂直向摆结构图

1—磁钢；2—线圈；3—弹簧片；4—重锤；5—卡环；6—标定线圈；
7—标定磁钢；8—外壳；9—横肋簧片；10—电路板

由于增加了电路板的位置，每个地震计比原 JD-2 型地震计增高了 4 cm，3 个 JD-2F 型摆连接好组装起来后总高度增加 12 cm，但仍然可以顺利安放在原密封筒中（胡履端 等，2005）。

5.2　JDF-1 型井下短周期地震计

JDF-1 型井下地震计是为满足数字化地震观测的需要，由北京市地震局和中国地震局地球物理研究所于 2000 年共同研制开发的小型井下地震计，在设计中充分考虑了用于工程测震和其他井下测震的要求，已在河北唐海、湖南华容、吉林松原、苏州吴江、成都双流、深圳、海口等地震台和大庆油田应用，取得了较好的使用效果（胡履端 等，2006）。

5.2.1　仪器的结构及主要性能指标

JDF-1 型井下地震计为反馈式井下地震计，由正交三分向惯性摆（弹性悬挂惯性体）、换能器、电子反馈线路、密封筒、定向底座及电缆应力解除器等几部分组成，其中拾震器、电子反馈线路、密封筒是核心器件（图 5-6）。

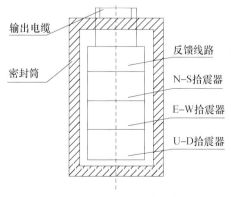

图 5-6　JDF-1 型井下地震计结构示意图

拾震器采用力平衡式反馈地震计。密封筒采用不锈钢材料加工并采用可靠的密封技术以保证耐腐蚀和良好的密封性能。定向底座能使三分向地震计中的水平向拾震器在井下也处在地理正北南和东西方向。电缆应力解除器能承担电缆的扭力和重量，可保证仪器的定向和正常工作。JDF-1 型井下地震计的主要性能指标见表 5-2。

表 5-2　JDF-1 型井下地震计主要性能指标

名称	单位	JDF-1 型地震计指标
固有周期	s	1
频带	Hz	1～50(3 dB)
灵敏度	V·s/m	1000(速度输出)
动态范围	dB	>126
寄生共振频率	Hz	水平向>150,垂直向>130
阻尼系数		0.7
电源要求		12 V(9～18 V),功耗 500 mW
使用温度范围	℃	0～60
耐压	大气压	100
倾斜 5°时的要求		灵敏度变化:水平向<3%;垂直向<0.5%,
仪器可附着井径	mm	80～203
外形尺寸	mm	85×520
重量	kg	13

图 5-7、图 5-8 分别为 JDF-1 型井下地震计的水平及垂直分量幅频特性曲线。图中纵坐标代表归一化特性,归一化等于 1 处,相当于地震计的灵敏度为 1000 V·s/m。

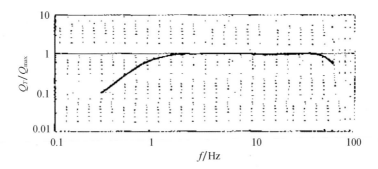

图 5-7　JDF-1 型井下地震计的水平分量幅频曲线

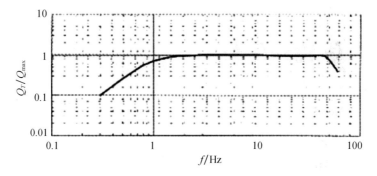

图 5-8　JDF-1 型井下地震计的垂直分量幅频曲线

5.2.2 设计特点

JDF-1 型井下地震计密封筒的直径设计为 85 mm,可以在内径小于 100 mm 的观测井中使用,在同类地震测井仪器中这是一个明显的优点。尤其对于工程测震,井孔直径一般比较小,直径小的测井仪器才能适合使用。JDF-1 型井下地震计的重量适中,单人就可以自由搬动,对于泥浆井,仪器也可以顺利下井观测,不需要再增加铅锤等辅助重量,可以使下井工作更加轻便,操作更加简单,拓宽了观测井应用范围。

对于自振周期能达到 1 s 的单纯机械动圈式拾震器而言,为了保护悬挂弹性系统,仪器不能倒置,运输必须锁定摆锤,使用时需要调零点。这些限制使得仪器在井下使用非常不方便。JDF-1 型井下地震计采用力平衡式反馈设计,可以随意放置,仪器不用调零点,零位不受井斜影响,搬运过程无须锁定摆锤,下井、运输和维护都方便。

由于对三分向地震计引入了电子反馈技术,JDF-1 型力平衡式速度地震计频带宽度可达 1~50 Hz,动态范围大于 126 dB,这是目前同类型单纯的机械结构地震计无法达到的技术指标。

5.3 FSS-3DBH 型短周期井下地震计

FSS-3DBH 型反馈式短周期井下地震计(图 5-9)是在 FSS-3A 反馈式地震计的基础上设计制作的一种井下地震计。它特别适合于基岩露头有限、人口密集地区,尤其适合于表面覆盖很厚、松散沉积的平原地区的井下地震观测,且动态范围大、线性好。此井下地震计是为首都圈数字地震台网的 57 个井下地震台站的应用专门研制的,研制过程吸取了以往井下地震观测的成功经验。目前地震计由北京港震机电技术有限公司负责生产。"十五"期间的 37 个井下区域地震台站也使用了该型号的地震计。

图 5-9 FSS-3DBH 型井下地震计的外观图

5.3.1　基本机械结构及原理

基本结构可分成如下几部分。

① 拾震器:FSS-3DBH 型井下地震计的拾震器是动圈换能式的速度传感器,是由框架、质量块、吊簧和十字片簧等部分组成的弹性振动系统,并由磁钢、工作线圈、反馈线圈和标定线圈等组成换能系统。该拾震器采用的是旋转型复摆结构,用十字交叉片簧作旋转轴,水平向用钢丝和叶簧悬挂。机械固有周期为 3 Hz 左右,经反馈后等效的低频-3 dB 频率为 1 Hz。

② 密封筒:长期在深井里工作的地震计必须解决仪器的密封问题,以有效地实现隔水、隔油、隔气,防止这些流体中所含腐蚀物质对仪器内部机械和电气结构的损坏。该部分包括密封筒体和密封头两部分,可以方便地将拾震器整体置于金属密封筒中,各种引线可以通过插头的接线柱引出。

③ 定向底座:定向底座的作用一是稳固仪器下端,二是为了使拾震器的水平向在井下也能正确地处在地理正北南、东西方向。所以对于井下地震观测而言,定向底座具有举足轻重的作用,合理设计和正确使用仪器底座是非常重要的。

定向底座有两种类型:卡井定向底座和落底定向底座。卡井定向底座由弹性三爪井器、导向滑槽和定位缺口等部分组成;而落底定向底座由重力三爪卡井器、导向滑槽、定位缺口和落底锥盘等部分组成,两种底座的作用都是最终实现卡井、导向、定位锁固等功能。另外,仪器舱体、仪器底座及卡爪均采用无磁不锈钢或铜材料制成,不仅抗腐蚀,而且不易被磁化,从而可以适应不同定位工具应用的情况。

④ 扶正器:安装在密封筒的上端,下井过程中其卡爪在弹簧力的作用下收起,待仪器密封筒与仪器底座顺利对接后,其卡爪张开并与井壁卡紧,将仪器竖直扶正在地震观测井的中央。

⑤ 电缆应力解除器:电缆应力解除器在下井电缆连接仪器的一端,其作用是将电缆和井下地震计分割开来,将上部电缆的晃动干扰阻隔掉,保证井下地震计所敏感震动的正确性。

5.3.2　电子线路部分原理

FSS-3DBH 型地震计的电子线路部分由放大器、反馈器件、补偿网络以及差分驱动器组成,它们在地震计系统中的作用可以进一步地用图 5-10 所示的地震计工作原理框图来表示。

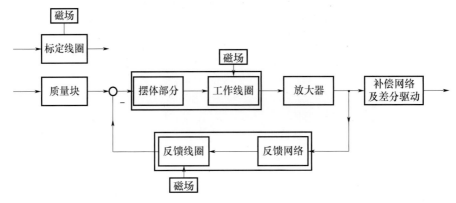

图 5-10　FSS-3DBH 型地震计工作原理框图

5.3.3 主要特点及技术指标

1）主要特点

FSS-3DBH 型井下地震计主要具有以下特点。

① 在总体布局上，采用的是三分向一体式结构，竖直排布三个分向的拾震器，并使它们的测量方向两两正交。

② 采用了电子反馈技术，保证仪器整机在井斜<±5°的情况下不进行调平操作即正常工作，且无须进行机械部分的现场调节，技术参数没有明显变化。

③ 在电路中增加了 DC-DC 转换环节，可以方便地实现从单电源(标称＋12 V)供电到双端电压(±14 V，±6.5 V)输出的转换，满足了地震计与数据采集器之间长线连接的供电要求。

④ 在以往卡井式底座的基础上，还设计了落底式底座，从而可以满足不同地震观测井的需要。

2）技术指标

FSS-3DBH 型井下地震计的主要技术指标如表 5-3 所示。

表 5-3 FSS-3DBH 型井下地震计主要性能指标

名称	单位	FSS-3DBH 型地震计指标
固有周期	s	1
频带	Hz	0.5～50(3 dB)记录地动速度
灵敏度	V·s/m	2000(速度输出)
动态范围	dB	>120
寄生共振频率	Hz	水平向<100，垂直向<100
阻尼系数		
电源要求		12 V(11～15 V)，功耗小于 0.6 W
使用温度范围	℃	15～60
耐压		井下 1000 m
倾斜 5°时的要求		
适宜井径	mm	125～160
外形尺寸	mm	114×950
底座		卡井式和落底式两种可选

5.4 TBV-60B 型井下宽频带地震计

TBV-60B 型地震计是一款宽频带、高灵敏度、低噪声的地震计，应用于宽频带地震观测，尤其适合于远震的观测。采用精密差分电容位移传感技术以及力平衡电子反馈技术，大大增加了地震计的动态范围、频带宽度。三分向传感器芯体与包含有反馈电路、检测电路、控制电路的电子电路板一起安装在一个封闭机箱内，一体化的设计安装使用方便。

5.4.1 原理与结构

TBV-60B 型地震计原理框图如图 5-11 所示。

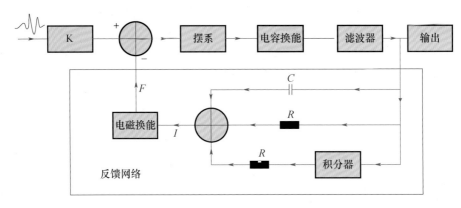

图 5-11　TBV-60B 型地震计原理框图

　　TBV-60B 型地震计基本结构如图 5-12 所示,可分成拾震器、换能器和记录器等部分。采用通用响应反馈电路,传递函数稳定可靠。配备了马达调零电路,实现自动调零。

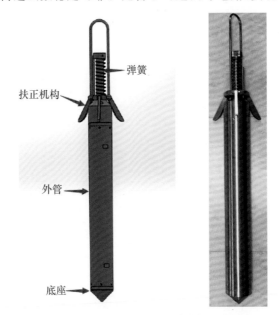

图 5-12　TBV-60B 型地震计结构示意图

　　1)拾震器

　　TBV-60B 型井下宽频带地震计通过电容换能、电子反馈等技术,拓展了原机械系统的观测频带和动态范围,提高了系统的稳定性,从而实现了宽频带地震计的高精度、宽频带、大动态范围测量,其拾震器结构如图 5-13 所示。

　　2)换能器

　　TBV-60B 型宽频带地震计的反馈中,存在比例、微分和积分三条反馈支路。电容换能器的输出经调相放大后比例、积分、微分三路信号合成的反馈电流经反馈线圈转换为电磁力负反馈给机械摆系统,从而改变了原机械摆系统的力学参数,扩展了原系统频带范围,在系统稳定的基础上,改变了原

图 5-13　TBV-60B 型井下宽频带
地震计结构图(单分量)

系统的阻尼周期、从而实现宽频带地震计的高精度、宽频带、大动态范围测量。

地动信号发生时,摆锤在地动加速度的影响下,会偏离平衡位置;摆锤上的精密电容位移传感器会输出一个与摆锤位移成正比的电压;该电压经过放大后在反馈回路中产生一个反馈电流;反馈电流在磁场中产生一个电磁力将摆锤趋向平衡;这样,通过测量反馈电压,就可以得到施加在摆锤上的力或者加速度。另外,在积分器以及其串联电阻的作用下,整个系统最终以速度平坦输出。

3)记录器

TBV-60B 型地震计是外置采集器,型号为 TDE-324CI/FI(图 5-14)。TDE-324CI/FI 型地震数据采集记录器是由珠海市泰德企业有限公司根据中国地震局发布的相关技术要求、国内广大用户的信息反馈以及多年来在地震行业系统集成的经验教训,自主研制开发的新一代地震数据采集记录器(刘桂生 等,2003)。

图 5-14　TDE-324CI/FI 通道地震数据采集记录器

TDE-324CI/FI 型地震数据采集记录器应用目前国际上最新的电子技术,采用了高性能、低功耗的 RISC 处理器/DSP 器件和目前已通过美国联邦航空管理局(FAA)安全认证的可用于飞机、航天器等高可靠性的实时操作系统(RTOS)以及目前国际上最新推出的 32 位 ADC 器件。TDE-324CI/FI 型数据采集记录器在符合中国数字地震观测网络(区域测震设备)要求的基础上,还具有以下特点。

①TDE-324CI/FI 采用国际上最新推出的 32 位 ADC 器件,相对于上一代采集器,TDE-324CI/FI 具有动态范围更大、谐波总失真(THD)更小等特点,从而为系统的高性能提供了保障。

②TDE-324CI/FI 采用了高集成度、低功耗设计模式,对于 TDE-324CI 集成了 3 通道 26 位地震数据采集,而对于 TDE-324FI 集成了 6 通道 26 位地震数据采集。TDE-324CI/FI 均具有大容量电子硬盘(TF 卡)实现数据存储,基于 Internet 等网络协议上的实时数据网络多址传输以及实时串口数据传输,台站状态监测,多路信号标定,按键设置及数码管参数显示,系统避雷保护等功能。在 GPS 空闲、显示屏关闭状态下,TDE-324CI 系统总功耗小于 4 W,而 TDE-324FI 系统总功耗小于 4.5 W。

③TDE-324CI/FI 标定输出信号类型有阶跃、正弦波、伪随机信号编码、仿真地震信号输出等。独有的仿真地震信号标定输出可设定信号的幅度及地震持续时间,目前已得到应用。

④TDE-324CI 具备 3 路独立的 A/D 监测通道,TDE-324FI 具备 6 路独立的 A/D 监测通道,均能自动实现对环境与地震计的状态监控,如地震计的零点漂移(MASS POSITION)、台站供电电压、台站供电电流、台站温度等参数的监控。台站的监测数据流可以随实时地震数据

流同时传输到台网中心,不需要占用其他数据通道,也不需要其他中断实时数据流以传送监测参数。如在 100 Hz 采样速率的条件下,实时数据流及 3 路或 6 路参数数据均可以无间断地实时传输到台网中心。在台网中心,数据处理软件可以将实时地动数据和监测参数分离,监测参数 24 h 连续记录、存储,并可被处理,以保证台站状态的变化也被实时监测。

⑤工作温度在 -20~50 ℃内,工作时并不防震。因此,标准配置下的 TDE-324CI/FI 型地震数据采集记录器未采用硬盘,而直接采用了 TF 卡实现地震数据的存储。TF 卡储存容量大,最大容量可达到 128 G。目前设备提供的标配容量为 32 G。系统数据存储采用了修正的 SEED-STEIM2 压缩数据格式,数据压缩率高。

⑥TDE-324CI/FI 支持 TCP/IP 协议,支持基于 Internet/VPN 等网络协议上的实时数据多址传输,支持远程管理、断点重传等,支持 DDN 数据传输及无线方式、GPRS 或 CDMA 等多种方式下的数据传输,支持多种传输方式(含串口、网络等)的数据在同一套平台下的数据组网及共享,支持多个台网中心的数据调用及交换。TDE-324CI/FI 通过网络传输数据相对于通过串口传输数据的纯滞后小,保证了数据在 Internet 等网络上的传输连续可靠,并能够满足实时传输及区域遥测地震台网的要求。

5.4.2　主要技术指标

TBV-60B 型地震计主要技术指标见表 5-4。

表 5-4　TBV-60B 型地震计主要技术指标

名称	指标
传感器类型	井下宽频带反馈式地震计
观测频带	60 s~50 Hz
灵敏度	2000 V·s/m(差分)
动态范围	>140 dB
满量程输出	±20 V(差分)
线性度	优于 1‰
横向灵敏度	小于 1‰
寄生振荡频率	>100 Hz
供电电压	12 VDC(9~18 VDC)
静态电流	<100 mA@12 VDC
调零范围	±3°
阻尼	0.68~0.72
工作温度	-20~65 ℃
防水	水下 1000 m
重量	约 24 kg
外形尺寸	Ø101 mm×1190 mm

5.4.3　安装调试与维护

1)地震计安装

① 从包装箱子里面取出地震计,检查地震计是否完好无损;

② 芯体取出后，三分向开锁，芯体与扶正座连接，确保连接线和方向安装正确无误，螺丝拧紧；

③ 安装拉紧板、地震计底座，螺丝拧紧；

④ 将地震计竖直放置在平整地面，最好有保护措施，以防止碰倒摔坏地震计。

2）开锁和锁摆

以垂直向为例（图 5-15），此时为锁止状态。

① 在上图箭头所示螺丝处，插入 2.5 mm 的内六角螺丝刀；

② 螺丝刀逆时针旋转 90° 左右为解锁，再顺时针旋转 90° 为锁止；

③ 用另外 2 个分向相同的操作方法；

④ 三分向都确认解锁后才能将芯体装进套管里。

图 5-15　开解锁位置（垂直向）

3）接口定义

地震计的输出采用 20 芯的密封接头（图 5-16）。

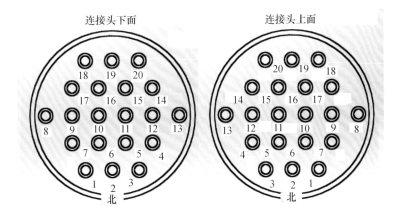

图 5-16　地震计输出插头编号

TBV-60B 型地震计接线定义如表 5-5 所示。

表 5-5　TBV-60B 型地震计接头定义表

TDE-324CI （RS16T"公"）	线缆颜色	TBV-60B 探针接头	定义	TBV-60B-JP3	备注
16	红黑	1	VIN＋	1	
15	紫黑	2	VIN－	2	
8	粉	3	UD-EM＋	3	
9	橙	4	EW-EM＋	4	
10	浅蓝	5	NS-EM＋	5	JP3 线长 15 cm
13	蓝黑	6	CAL＋	6	
14	灰	7	CAL－	7	
11	棕	8	CALEN	8	
12	紫	15	MC	9	
				TBV-60B-JP2	
6	蓝	9	UD＋	1	
7	红	10	UD－	2	
3	黄	11	EW＋	3	
5	白	12	EW－	4	JP2 线长 15 cm
1	黑	13	NS＋	5	
2	绿	14	NS－	6	
4		16	AGNG	7	
				8	
DB9 母头				TBV-60B-JP1	
6	棕黑	17	VCC	1	
5	白黑	18	EGND	2	JP1 线长 15 cm
2	绿黑	19	485B	3	
1	黄黑	20	485A	4	

4）接头焊接和封胶

① 焊接前把摆线一头按顺序穿过相应部件，如图 5-17 所示。

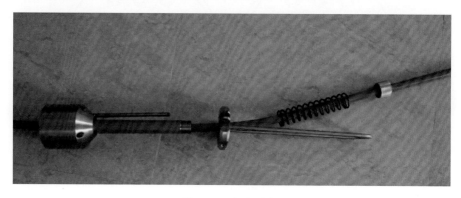

图 5-17　穿线顺序

② 按定义将摆线焊接到地震计连接头上;

③ 由于封胶、安装密封圈和整机安装都由厂家技术人员完成,此处不再详细描述。

5) 上电

① 在下井前要先检查仪器是否运行正常,采集器连接电脑准备收数;

② 检查线缆连接无误之后,可以给采集器上电(采集器再给地震计供电)。

6) 调零

① 通电后(以连接泰德公司数采为例),运行一段时间(此时高通滤波设置为无效),待采集器上的"零点监测"值稳定下来(此时极有可能到满量程(±10 V),因为没有调零);

② 稳定后,启动电子调零,如图 5-18 所示;

图 5-18　电子调零时的弹出框界面

③ 进入调零模式后,地震计自动切换到"加速度计"模式(使调零过程方便且迅速),调零需持续数分钟,期间避免对地震计的任何接触。调零按照"UD"-"EW"-"NS"分向依次进行。

三个分向的零点监测值均到±1 V 以内时(若使用的是泰德公司采集器,在 TDS 软件界面上可以看到),马达调零结束,地震计自动切换到宽频带地震计模式。调零波形如图 5-19 所示。

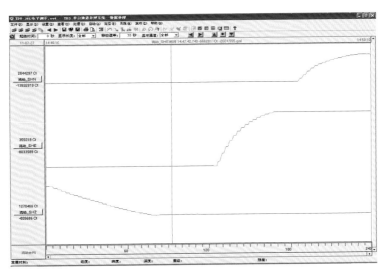

图 5-19　调零波形图界面

在之后的长期实际运行过程中,零点会有些许的偏移。只要零点偏移不大于±5 V,不需要重新调零。

若连接的采集器不是泰德公司的采集器,可以采用手动调零:信号输出的第 7 脚"MC"和信号输出的第 19 脚"AGND"短接至少 5 s 后松开,地震计便会开始调零,调好零后,自动退出调零状态。

5.4.4 标定与校准

TBV-60B 型地震计标定信号有方波脉冲(图 5-20)和正弦波(图 5-21)。完成 TBV-60B 型地震计标定需要用到 3 根信号线:第 9 脚标定允许"CALEN"、第 11 脚标定正"CAL＋"以及第 3 脚标定地"CAL－"。标定时,"CALEN"需接低电平,地震计才允许标定信号的输入;"CAL＋"为电压信号,最大输入量程为±10 V。

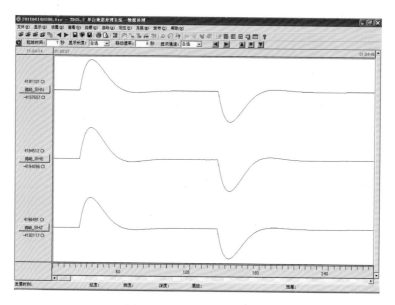

图 5-20 方波脉冲标定界面

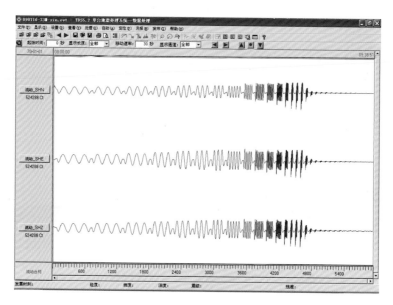

图 5-21 正弦波标定界面

图 5-22 为利用正弦波信号标定的 TBV-60B 型地震计幅频特性结果。

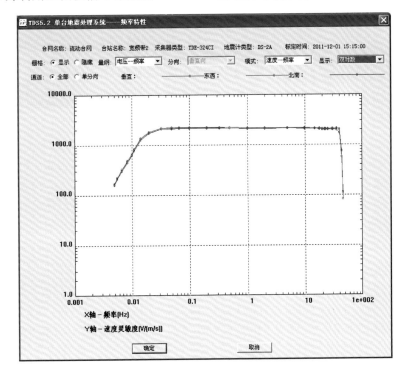

图 5-22　TBV-60B 型地震计幅频特性计算结果界面

第 6 章
井下甚宽频带地震仪设计

地震频谱范围很宽,从几十赫兹到几百秒;振幅范围很大,从微米至米。要完整地记录包括地方震、区域地震以及远震在内的地震波,要求地震仪器的频带必须达到数千秒到数十赫兹,动态范围超过 8 个数量级。但是目前电学地震仪无论是在频带宽度,还是在动态范围方面都不能满足这样的要求,因此,只能采取分频段设计仪器,以及采用微震、强震等不同仪器同步观测的手段来解决这个问题。但是采用分频段仪器观测所得到的观测数据由于去除了不同频率范围内的地震波,其数据的精确性必然会有所降低(中国地震局监测预报司,2017)。因此,研究设计高分辨率、大动态范围、宽频带的地震计进行地震观测是地震计研究需要解决的重要问题。

震源物理和地震预报的发展要求地震仪器能够提供分辨率更高、动态范围更大、频带更宽的地震记录资料。因此,地震计的发展趋势以宽频带、大动态范围、高分辨率为特征。井下甚宽频带地震观测能获取来自地球内部微弱的、丰富的、准确的宽频带地壳活动信息,包括地层微破裂、慢地震等,对地震学、地震预报和相关学科均有重要的科学研究意义和实际应用价值,能帮助科学家客观地认识地球内部结构及其变化,有可能促使地球科学各学科在基础理论研究方面有新的突破。因而研制具有我国自主知识产权的井下甚宽频带地震仪,并推进其工程化、产业化是地震观测仪器发展的重要方向之一。

本章在分析井下甚宽频带地震计现状的基础上,对井下甚宽频带地震计的结构与功能、技术指标和测试方案进行了总体论证和设计;针对井下高温高压高湿的特殊环境,对井下地震仪核心芯体、定向定位和授时以及壳体密封等设计进行了详细的论证和设计。

6.1 井下甚宽频带地震仪现状

国外主要的井下甚宽频带地震计主要有英国 Guralp 公司的 CMG-3TB 井下甚宽频带地震计,美国 Geotech 公司的 KS-54000 超宽频带地震计,且国外仪器昂贵,接口规范与国内不同,服务不便,非常不适于开展井下综合观测。

美国 Geotech 公司生产的 KS-54000 井下超宽频带地震计其频带为 $0.003 \sim 5$ Hz(可选 $0.003 \sim 15$ Hz),最大安装深度 300 m,设备孔径 137 mm,该地震计曾经成为世界范围内长周期井下地震计的主流产品,并被 IRIS(美国地震学研究联合会,Incorporated Research Institutions for Seismology)、CTBT(全面禁止核试验条约,Comprehensive Nuclear-Test-Ban Treaty)广泛应用,但 KS-54000 未有在中国使用的报道,且其仪器制造商已经退出中国市场。加拿大 Nanometrics 公司生产的 Trillium 井下甚宽频带地震计在其网站上有介绍,但目前资料不全,其应用情况在国际上报道不多,国内亦未有相关报道。

英国 Guralp 公司的 CMG-3TB 井下甚宽频带地震计频带为 120 s～50 Hz,其动态范围为 140 dB,最大安装深度约为 1000 m。CMG-3TB 井下甚宽频带地震计在国内多个省市安装,但由于购置和使用成本高、运行故障高、维护不方便等多方面的原因,其在国内的使用受到限制。胡米东等(2018)通过对英国 Guralp 公司 CMG-3TB 井下甚宽频带地震计在江苏地区使用过程中的故障原因分析(表 6-1),认为供电和数据传输电缆过长,井下地震计锁壁/解锁及高温高压下和大倾角条件下地震计可靠性不足是故障发生的主要原因。

表 6-1　CMG-3TB 井下甚宽频地震计故障情况统计表

地震台名称	安装时间	故障时间	故障现象	故障原因
射阳台	2009 年	2010 年	波形不正常,不能居中和开锁摆,地震计对地表发出的指令无反应	由于防水系统故障导致地震计接头及内部进水,致使地震计异常
高邮台	2006 年	2010 年	不能居中和开锁摆,地震计对地表发出的指令无反应	接头进水、电缆漏水或防护橡胶破裂,导致地震计工作异常
南通台	2007 年	2010 年	记录波形出现异常,数据质量不高,垂直向偏摆	井壁锁系统故障,导致地震计无法固定在井壁上
盐城台	2008 年	2010 年	摆锤位置偏出,无法标定,通过控制软件和井口控制盒无法使其居中	地震计供电线路过长,衰减过大,导致地震计供电电压过低无法正常工作
海安台	2007 年	2010 年	地震计波形异常,不能标定	地震计供电线路过长,衰减过大,导致地震计供电电压过低无法正常工作
溧阳台	2010 年	2013 年	垂直向波形异常,不能正常记录地脉动	垂直向元器件损坏

我国在《国家地震科学技术发展纲要(2007—2020 年)》中已经把深井综合观测技术列为优先发展主题,国家重视井下地震观测技术的发展,并且加大这方面的投入。但在井下甚宽带地震计方面,国内还没有本项目中涉及 2000 m 深度以上的深井宽频带地震观测产品。

6.2　总体设计

6.2.1　结构与功能设计

井下甚宽频带地震仪主要由防水线缆、深井防水接头、扶正器、密封腔、采集单元、甚宽频带传感器、井锁装置以及导锥 8 个部分组成(图 6-1)。整个探头是一个有机的整体,各个部件相互作用且紧密相连,系统主要由传感器外壳(含吊环、扶正器、密封接头、连接头、井锁和导锥)和传感器内核芯体(含传感器通信控制及采集单元、传感器核心芯体及反馈电路、传感器姿态系统等)部分组成。整体采用不锈钢设计保证地震计有足够的强度和刚性,而且具备相当的防锈抗腐蚀能力。系统由两个密封舱组成,一个是地震计主仪器舱,一个是井锁舱,两个密封舱之间通过密封连接头组成,各舱室均具备 20 MPa 条件下的抗压防水能力(图 6-2)。

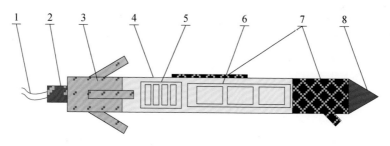

图 6-1　井下甚宽频带地震仪主要结构
1—防水线缆；2—深井防水接头；3—扶正器；4—密封腔；
5—采集单元；6—甚宽频带传感器；7—井锁装置；8—导锥

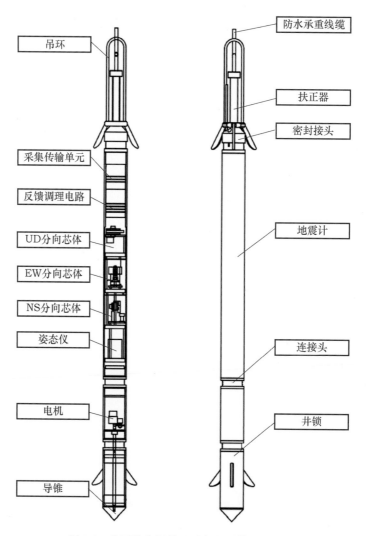

图 6-2　井下甚宽频带地震仪的总体设计框图

　　井下甚宽频带地震仪采用模块化设计，实现模拟部分和数字部分模块分离，对于电磁干扰敏感的传感器采用屏蔽保护等方式，对于温度敏感的传感器、关键核心机械部件采用保温、远离发热源（如电源模块、数字模块及电路模块等）的方式，信号传输线线缆采用专门设计的屏蔽线缆,解决信号串扰问题。为防止电缆与井壁之间的互绕和传感器线缆的预应力影响,井底采用深海聚氨酯柔性电缆;传感器安装锁壁自控系统,其锁控装置能可靠锁壁,能地表程控解锁壁,解锁、锁壁完成后自动停机以防电机损坏,电机水下 2000 m 可靠运转工作并实现动密封。

系统探头采用专门设计的防水电缆,该防水电缆为密封防水电缆,实现与外界供电及采集控制系统连接,供电、信号、控制、授时全部由这根线缆完成。线缆须防水、耐磨、耐候,而且能承受至少 1 t 的拉力,并实现信号的采集传输、传感器状态监测及控制。

传感器吊环是为实现传感器的安装和下放而设计的,导锥是为了探头能顺利下井而设计的一个导向装置,扶正器和井锁是探头与井壁耦合的关键部件。最终在井下,探头就是靠扶正器张开的三个臂和井锁张开的三个臂牢牢地将地震计卡在井壁上。其中,扶正器是靠一个含有弹簧的机械结构自动张开的,井锁是靠远程控制电机锁壁和解锁的。密封接头和连接头是专门设计的防水耐压密封接头,密封接头为线缆和整个探头提供电气连接通道,连接头为两个密封舱提供电气连接通道。地震计主体舱是整个井下甚宽频带地震仪的核心部分,里面主要包含有采集传输模块、反馈调理电路、三分向的芯体主体以及姿态仪等多个部分。

当传输距离为 300 m 以上的长距离传输的情况下,探头内集成有采集器,并且采用数字传输方式将信号无衰减传到井上。

反馈调理电路将地震仪的各参数(频带、灵敏度、阻尼等)调节到要求的范围。

姿态仪是为确定探头最终的安装方位而专门设计的定向装置,包含有三分向的陀螺仪和三分向的加速度计,该模块确定探头的安装方向和最终倾角。

6.2.2 技术指标设计及测试方案

井下甚宽频带地震仪的主要技术参数设计及测试方案见表 6-2。

表 6-2 井下宽频带地震仪主要技术指标设计表

名称	指标	测试方法简要说明
动态范围	>145 dB	通过检验地震计的满量程和自噪声范围,计算出系统的动态范围
观测频带	120 s/60 s~50 Hz	采用电标定和振动台标定方法
灵敏度	2000 V·s/m	
阻尼	0.68~0.72	
满量程输出	±20 V(差分)	采用电标定和振动台标定方法
线性度	优于 1‰	
横向灵敏度	小于 1%	
寄生振荡频率	>100 Hz	
供电电压	−48VDC	电学测试,有直流电源、电压表、电流表等设备即可完成测试
静态电流	<50mA@−48VDC	
调零范围	+5°	在精密倾斜平台上测试
工作温度	−20~70 ℃	高温高压试压舱测试
耐压	20 MPa 水压	

名称	指标	测试方法简要说明
信号输出通道	EW、NS、UD	
AD 转换器	24 bit	
数字滤波器	通带波动不大于 0.05 dB,阻带衰减量不小于 130 dB;宜采用 FIR 数字滤波器,可设置为最小相移特性或线性相移特性	
输出采样率	50 sps、100 sps、200 sps,可程控选择	

6.3 外壳设计

井下地震计工作时通常处于高温、高压、高湿环境中,仪器外壳需要应对复杂的应力环境以确保内部电路能够正常工作。受井下管柱空间的限制,井下仪器的外壳通常设计为圆筒状,如何在满足外壳强度要求的前提下,增大仪器内腔容积便于电路元件安装,尽力缩短仪器长度就成为井下仪器设计的重点。此外,如何经济、安全地验证仪器压力承受能力,也是设计时需要考虑的问题。

6.3.1 外壳设计一般原则

1)存在的问题或不足

由于行业的特殊性,目前国内尚无专门针对井下地震计外壳耐压强度校核的相关资料,可以查阅到的相关资料基本上都是关于石化工业压力容器设计的。这些资料上的理论公式和设计准则基本上都源于《钢制压力容器》(GB 150—1998)和《钢制压力容器——分析设计标准》(JB 4732—1995),但是在其适用范围中均明确规定不适用于内直径小于 150 mm 的容器,而井下地震计内径均小于 150 mm,故在井下仪器外壳强度校核过程中参照上述两标准及其关联资料并不完全合适,可能导致较大偏差。

2)强度理论选用原则及强度校核

圆筒受压时处于三向应力状态,而材料的相关力学性能均由单向拉伸试验得来。为准确评定复杂应力状态下零件是否失效的问题,工程上提出了几个合理的科学假设,逐步形成了常用的四个经典强度理论——最大拉应力理论、最大伸长线应变理论、最大切应力理论和形状改变能密度理论。其中,第二强度理论经过多年实践证明和实际相差很大,目前已经极少采用。井下仪器外壳多采用不锈钢、钛合金及高温合金等塑性材料加工,且承受外压作用。经过多年实践检验,采用第三强度理论、第四强度理论进行强度设计更符合实际,目前 JB 4732—1995 就采用第三强度理论(汪开义,2018)。

3)材料选用原则

井下仪器外壳材料选择须兼顾耐压强度、功能实现等多方面,一般选取高强度不锈钢。我国从二十世纪七十年代开始高强度不锈钢的研制工作,典型牌号有 00Cr13Ni8Mo2NbTi、00Cr12Ni8Cu2AlNb、00Cr10Ni10Mo2Ti1 等十余种。井下仪器外壳材料普遍采用经济型不锈钢材料,如 0Cr17Ni4Cu4Nb (17-4PH)、2Cr13 和 1Cr18Ni9Ti 等,可满足一般油、气、水井耐压及耐腐蚀要求,性价比高。其中,强度、耐腐蚀综合性能较好的 0Cr17Ni4Cu4Nb 应用最为普遍,对于无磁、耐压强度要求高的场合,可选用奥氏体不锈钢 06Cr19Ni10(美国钢号 304,日本钢号 SUS304)、0Cr17Ni12Mo2(美国钢号 316,日本钢号 SUS316)。这 3 种不锈钢的物理参数见表 6-3。

表 6-3　井下地震仪器外壳选用材料物理参数表

不锈钢钢号	密度/ (g/cm³)	熔点/ ℃	弹性模量/ (GPa)	热导率 λ/ (W/(m·℃))	硬度 HB	膨胀系数/ (μm/(m/℃))	工作温度/ ℃
0Cr17Ni4Cu4Nb (17−4PH)	7.78	1420	191	20.3	360	11.2	<300
06Cr19Ni10 (304)	8.0		193		201	17.8	<300
0Cr17Ni12Mo2 (316)	7.98	1380	193	19.7	217	16.0	<300

6.3.2　外壳结构强度问题与受力模型

利用金属材料制成的圆筒形承压外壳,其典型结构如图 6-3 所示。图中承压外壳的上部与上接头相连,下部与下接头相连,中间放置电路骨架。仪器在井下工作时,主要由仪器外壳来承受外部压力,保护内部的电子线路不受影响。

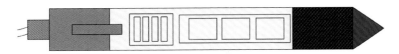

图 6-3　井下仪器承压结构示意图

通常,当外壳承受外压时,筒壁受的是压应力。若压应力增大到材料的屈服极限或强度极限,筒壁将会破损。但在外壳的壁厚与直径比(S/D)较小且强度足够的条件下,也会产生外壳压扁或褶皱的现象,这就是失稳。失稳前,筒壁内只存在压应力;失稳后,由于突然变形,在筒壁内产生以弯曲为主的复杂的附加压力。这种变形和附加压应力会迅速发展,直到筒壁褶皱为止。此时,截面形状由圆形跃变成波浪形,如图 6-4 所示(田薇薇,1991)。波浪数的多少由圆筒的几何形状(即长径比 L/D,厚径比 S/D)和材料的性能决定。

外壳失稳是突然出现的,在失稳前,一般无明显迹象。因此,这种破坏形式危害性更大。由此可见,对受外压的圆筒体不仅要进行强度设计计算,还要进行稳性设计校核。

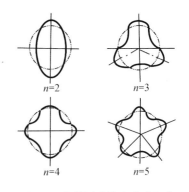

图 6-4　仪器圆形外壳变成起伏不同的波浪形示意图

6.3.3　采用第四强度理论设计

1)承压外壳的受力模型

承压外壳的截面为厚壁圆环,如图 6-5 所示,R_i 是外壳的内径,R_0 是外壳的外径,P_i 是内部压力,P_0 是外部压力,P_0 在计算外壳承压时通常取值为 140 MPa,P_i 通常为 1 个大气压,即 0.1 MPa。由于承压外壳的壁厚和外壳内径属于同一量级,因此对仪器外壳的应力计算应采用基于弹性力学的厚壁圆筒强度理论来计算。这种形状的外壳在外压力作用下,应力是轴向对称地均匀分布在整个圆环上,因此,受力情况好,承载能力高。仪器在井下工作时,外壳主要受重力、轴向力和井中液体压力的作用。重力和轴向力主要产生轴向应力,与井下压力产生的轴向应力叠加就是外壳截面受到的轴向应力。在大多数情况下,仪器的重力和轴向力所产生的轴向应力相对于井下最大 140 MPa 压力产生的轴向应力可以忽略,因此,在此处对仪器外壳进行受力分析时,不考虑重力和轴向力的影响(陶爱华 等,2010)。

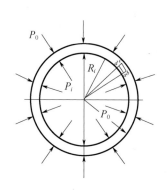
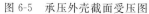
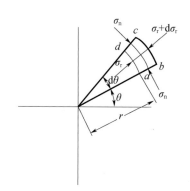

图 6-5　承压外壳截面受压图　　　图 6-6　截面单元体受力示意图

2)外壳承压设计计算

图 6-6 是承压外壳截面单元体的受力示意图。根据铁摩辛柯公式可以得到承压外壳截面处任一点的三向应力(周应力 σ_θ、径向应力 σ_r 和轴向应力 σ_z)。

$$\sigma_\theta = \frac{P_0 R_0^2 - P_i R_i^2}{R_0^2 - R_i^2} + \frac{(P_0 - P_i)R_0^2 R_i^2}{R_0^2 - R_i^2}\frac{1}{r^2} = A + B \cdot \frac{1}{r^2} \tag{6-3-1}$$

$$\sigma_r = \frac{P_0 R_0^2 - P_i R_i^2}{R_0^2 - R_i^2} - \frac{(P_0 - P_i)R_0^2 R_i^2}{R_0^2 - R_i^2}\frac{1}{r^2} = A - B \cdot \frac{1}{r^2} \tag{6-3-2}$$

$$\sigma_z = \frac{P_0 R_0^2 - P_i R_i^2}{R_0^2 - R_i^2} = A \tag{6-3-3}$$

式(6-3-1)、式(6-3-2)、式(6-3-3)中,$A = \dfrac{P_0 R_0^2 - P_i R_i^2}{R_0^2 - R_i^2}$,$B = \dfrac{(P_0 - P_i)R_0^2 R_i^2}{R_0^2 - R_i^2}$。

在井下高压环境中 $P_0 > P_i > 0$,承压外壳的 $R_0 > R_i > 0$,可知 $A > 0$ 和 $B > 0$。又因为厚壁截面内任何一点到截面中心的半径 $r > 0$,因此可以得出截面上任一点三向应力的大小关系为 $\sigma_\theta > \sigma_z > \sigma_r$,即 $\sigma_1 = \sigma_\theta$、$\sigma_2 = \sigma_z$、$\sigma_3 = \sigma_r$。根据第四强度理论可得厚壁截面上任意一点的应力 σ 为

$$\sigma = \sqrt{\frac{1}{2}\left[(\sigma_\theta - \sigma_z)^2 + (\sigma_z - \sigma_r)^2 + (\sigma_r - \sigma_\theta)^2\right]} = \frac{\sqrt{3}\,(P_0 - P_i)R_0^2 R_i^2}{R_0^2 - R_i^2}\frac{1}{r^2} \tag{6-3-4}$$

由式(6-3-4)可知,承压外壳在 $r = R_i$ 时应力最大,即

$$\sigma_{max} = \frac{\sqrt{3}\,(P_0 - P_i)R_0^2}{R_0^2 - R_i^2} \tag{6-3-5}$$

如果外壳材料的屈服应力是 σ_s,除以安全系数 n 即得到材料的许用应力 $[\sigma]$,根据强度条件 $\sigma_{max} \leqslant [\sigma]$,即可得到外壳承压设计时要满足的强度公式

$$\frac{\sqrt{3}\,(P_0 - P_i)R_0^2}{R_0^2 - R_i^2} \leqslant [\sigma] = \frac{\sigma_s}{n} \tag{6-3-6}$$

3）外壳壁厚设计计算

外壳失稳时的压力称为临界压力，用 P_k 表示。为了保证外壳不失稳，外壳的结构设计必须满足外壳的临界压力 P_k 大于工作压力 P_0 这一条件，即

$$P_0 \leqslant \frac{P_k}{m} \tag{6-3-7}$$

式中，m 为稳定安全系数。长圆筒的临界压力壳按勃莱斯公式计算

$$P_k = \frac{2\,E^t}{1 - \mu^2}\left[\frac{S_0}{D}\right]^2 \tag{6-3-8}$$

式中，μ 为圆筒材料的泊松比，S_0 为外壳的计算壁厚，D 为外壳的平均直径，E^t 为外壳材料在工作温度 t 下的弹性模量。将式(6-3-8)代入式(6-3-7)得到满足稳定条件的最小壁厚为

$$S_0 \geqslant D \cdot \sqrt{\frac{mP_0(1 - \mu^2)}{2E^t}} \tag{6-3-9}$$

6.3.4 采用第三强度理论设计

图 6-7 为常见井下仪器的结构及工况示意图。

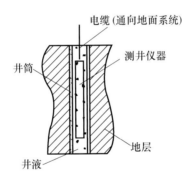

图 6-7 井下仪器结构及工况示意图

根据石油测井仪器的实际工作状态，井液的压力作用将占据主导，故不计重力及其他轴向力的影响，且不计内压(内压≪外压)，因而可将其考虑为封闭圆筒受均匀外压作用情形，截面受力情况如图 6-8 所示(刘策 等，2012)。

由弹性力学的知识可知，当圆筒受均匀内外压作用时(图 6-9)，圆筒内任意一点的环(周)向应力和径向应力分别为式(6-3-10)和式(6-3-11)。

$$\sigma_\theta = \frac{P_0 R_0^2}{R_0^2 - R_i^2} + \frac{P_0 R_0^2 R_i^2}{R_0^2 - R_i^2}\frac{1}{r^2} = \frac{P_0 R_0^2}{R_0^2 - R_i^2}\left(1 + \frac{R_i^2}{r^2}\right) \tag{6-3-10}$$

$$\sigma_r = \frac{P_0 R_0^2}{R_0^2 - R_i^2} - \frac{P_0 R_0^2 R_i^2}{R_0^2 - R_i^2}\frac{1}{r^2} = \frac{P_0 R_0^2}{R_0^2 - R_i^2}\left(1 - \frac{R_i^2}{r^2}\right) \tag{6-3-11}$$

式中，R_i 是外壳的内径，R_0 是外壳的外径，P_i 是内部压力，P_0 是外部压力，r 为圆筒内任意一点到圆筒轴线的距离，其变化范围为 $R_i \ll r \ll R_0$。

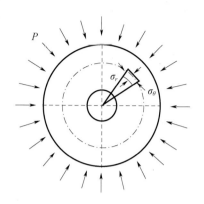

图 6-8　井下仪器外壳截面力学示意图

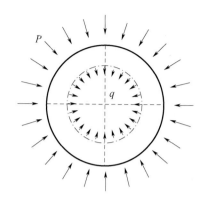

图 6-9　圆筒受均匀内外压示意图

而由封闭圆筒的局部平衡条件（受力分析如图 6-10 所示）可得轴向应力 σ_z 为

$$\sigma_z = \frac{P_0 R_0^2 - P_i R_i^2}{R_0^2 - R_i^2} \tag{6-3-12}$$

此时圆筒内任意一点处于三向受压状态。由式（6-3-10）、式（6-3-11）可得圆筒内的径向应力 σ_r 和环向应力 σ_θ 分布情况如图 6-11 所示，而轴向应力 σ_z 沿横截面均匀分布。

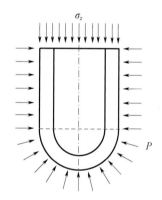

图 6-10　井下仪器外壳局部受力示意图

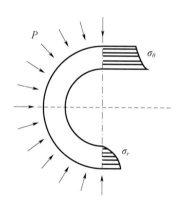

图 6-11　圆筒受均匀外压时 σ_θ、σ_r 示意图

需要指出的是，井下仪器壳体一般由典型的塑性材料制成（如 17-4PH、QBe2、钛合金等高强度材料），可考虑采用第三强度理论进行强度计算。对于上述三向受压状态（$\sigma_r \leqslant 0$、$\sigma_\theta < 0$、$\sigma_z < 0$），因为 $\sigma_r > \sigma_z > \sigma_\theta$，所以三个主应力为 $\sigma_1 = \sigma_r$、$\sigma_2 = \sigma_z$、$\sigma_3 = \sigma_\theta$。

根据第三强度理论可得厚壁截面上任意一点的应力 σ 为

$$\sigma = \sigma_1 - \sigma_3 = \sigma_r - \sigma_\theta = \frac{2P_0 R_0^2}{R_0^2 - R_i^2} \cdot \frac{1}{r^2} \tag{6-3-13}$$

显然，当 $r = R_i$，σ 取得最大值。

由上述分析可知，圆筒内的危险点为圆筒内表面点（$r = R_i$），其处于二向受力状态，即

$$\sigma_1 = \sigma_r = 0, \; \sigma_2 = \sigma_z = \frac{P_0 R_0^2 - P_i R_i^2}{R_0^2 - R_i^2}, \; \sigma_3 = \sigma_\theta = \frac{P_0 R_0^2}{R_0^2 - R_i^2}\left(1 + \frac{R_i^2}{r^2}\right) \tag{6-3-14}$$

而第三强度理论的相当应力达到最大值为

$$\sigma_{\max} = \sigma_1 - \sigma_3 = \frac{2P_0 R_0^2}{R_0^2 - R_i^2} \tag{6-3-15}$$

如果外壳材料的屈服应力是σ_s,除以安全系数n即得到材料的许用应力$[\sigma]$,根据强度条件$\sigma_{max} \leqslant [\sigma]$,即可得到外壳承压设计时要满足的强度公式

$$\frac{2P_0R_0^2}{R_0^2 - R_i^2} \leqslant [\sigma] = \frac{\sigma_s}{n} \tag{6-3-16}$$

比较式(6-3-6)和式(6-3-16)可知,第三强度理论是第四强度理论的简化。在仪器外壳材料和尺寸确定的情况下,利用第四强度理论设计,仪器能承受更大的极限压力。

6.4 核心芯体机械设计

6.4.1 核心芯体设计

井下甚宽频带地震仪由仪器框架、重锤、挂簧、十字簧片等部件构成弹性振动系统,由主磁钢、工作线圈、反馈线圈、标定线圈、标定磁钢等部件构成速度换能系统。水平分向和垂直分向核心芯体如图6-12所示。

弹性系统采用旋转型复摆结构,使用十字交叉簧作旋转轴。垂直分向使用叶簧悬挂,水平分向使用钢丝和叶簧悬挂。拾震器上设计有机械周期调节螺钉和零点调节螺钉,还使用重锤锁紧和十字簧片锁紧组合锁紧方式的锁紧装置。

三分量传感器的每分向重量600 g左右,尺寸80 mm×70 mm×60 mm左右,传感器由多种材料组成,以铜、铝、电机、不锈钢磁缸、簧片等金属材料为主,以陶瓷、线圈骨架、PCB玻纤板等非金属材料为辅。

分向核心芯体机械及簧片是一套精密的机电结构,由三分量独立的传感器安装在对振动敏感、固定牢靠的仪器罩内。每个传感器由内置精密转轴及摆体、片簧、精密差分电容传感器、电机自动调零机构、反馈系统、锁摆开摆机构等核心组件组成(图6-13)。

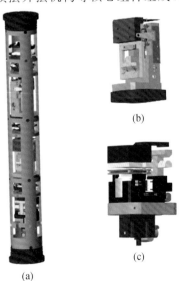

(b)

(c)

(a)

图 6-12 三分量核心芯体三维结构图
(a)核心芯体装配图;(b)传感器水平向芯体三维图;(c)传感器垂直向芯体三维图

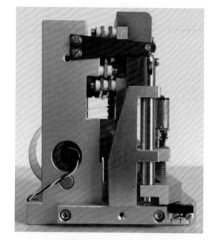

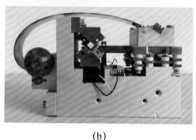

(a)   (b)

图 6-13 三分量核心芯体样机图

(a)核心体俯视图;(b)垂直向传感器芯体

6.4.2 传感器机构设计

井下地震计要在小体积内实现宽频带观测,所以水平向摆体采用"花园门(garden-gate)"结构,垂直向摆体采用叶片簧结构。井下甚宽频带地震仪核心传感器组成如图 6-14 所示。精密转轴由连接到固定部件的上梁、连接到运动部件的下梁以及连接上、下梁的十字片簧组成,如图 6-15 所示。

近几年,国内针对力平衡反馈地震计机械摆的研究重点在其敏感元件簧片上(范业彤,2018)。井下甚宽频带地震仪簧片(图 6-16)连接摆体的运动部件和固定部件,使运动部件相对于固定部件移动。精密差分电容传感器连接固定部件和运动部件的上端,通过检测固定部件与运动部件电极之间的电容差,将摆体的相对位移变化转换为调制电压,实现摆体运动部件位移的精密测量。

水平向摆体的质量块围绕近乎垂直的虚轴在几乎水平的平面内运动。可以通过调整水平面的倾斜角,使固

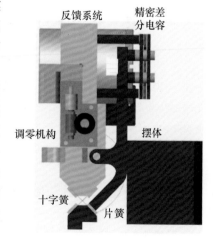

图 6-14 传感器结构组成图

有频率趋近于零,即其固有周期可以调整到无穷大 ,基本上不受体积大小的限制。对于垂直向叶簧悬挂系统,惯性块两端分别与片簧和十字簧连接。惯性块跟随地球震动围绕铰链旋转

运动。片簧和十字簧采用恒弹性合金经过真空热处理制作。惯性块围绕十字簧构成的虚轴旋转。通过控制各种机械参数，可以使摆系在特定位置具有最小回复力，其固有周期也可以随意调整（齐军伟，2016）。

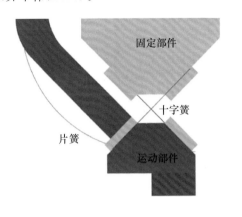

图 6-15　精密转轴　　　　　　　　　　图 6-16　片簧

6.5　力平衡反馈系统

每一次新技术的引入都为地震计带来飞跃的发展。其中，力平衡反馈技术的应用是近代以来地震计发展史上一个比较重大的进步，反馈式地震计的出现在地震计的发展历史上具有划时代的意义（崔庆谷，2003）。反馈网络的出现摆脱了地震计对机械的完全依赖，使得地震计的观测频带和响应类型主要由电子反馈来决定，通过改变反馈网络，就可以改变地震计的响应类型、响应通频带、灵敏度和动态范围等，甚至在很小的机械框架基础上实现宽频带长周期地震计，使得宽频带地震计的小型化成为现实。反馈技术使得仪器开发者研制、调试、生产地震计变得简单方便（崔庆谷，2003）。

6.5.1　反馈模型及传递函数

甚宽频带反馈地震计主要由机械摆、换能器、放大器和反馈电路等组成（图 6-17）。为了实现力平衡，需要使用一个闭环伺服电路来实现。位移换能器用于将摆锤 M 相对于框架的位移变化转换为电压量。反馈指的就是将位移换能器输出的信号通过 PID（比例、积分、微分）电路组成的一定形式的网络变换而产生相应形式的电流，电流通过地震计的反馈线圈，在磁场的作用下就产生一个作用在地震计上的力（或力矩），这样就构成了一个闭环反馈系统。若此力（或力矩）与原输入的地动加速度所产生的力（或力矩）方向同相，称之为正反馈，反相则称之为负反馈。

反馈电路是位移检测电路的输出电压信号经过反馈网络产生一定大小的反馈电流，反馈电流进入线圈-磁体结构为拾震器提供反馈力。当拾震器检测到地震动信号时，线圈-磁体产生对应的反馈力保证了电容动片始终保持在两个电容定片之间，从而保证仪器输出的线性度优于万分之一。如果反馈力超出了线圈-磁体设计的范围，则需要通过调零系统进行调整，使反馈力回到正常范围。

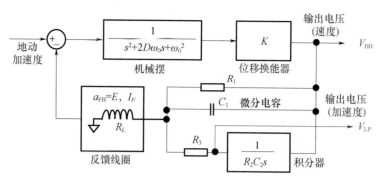

图 6-17 甚宽频带地震仪反馈模型框图

传感器的力平衡反馈系统一般布置在精密差分电容传感器的一侧,由磁缸系统、反馈线圈、反馈电路等部分组成,如图 6-18 所示。通过对电压实施比例、积分、微分控制,使磁缸内部反馈线圈产生回复力,实现电磁力和外力的平衡,构成一个机电耦合闭环反馈系统。

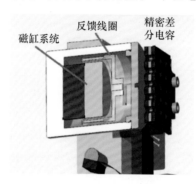

图 6-18 传感器力平衡反馈系统的机械结构

地震计的反馈电路由比例、积分、微分 3 条支路组成,即控制论中经典的 PID 控制。图 6-17 中,机械摆的传递函数为 $\dfrac{1}{s^2+2D\omega_0 s+\omega_0^2}$;位移换能器的传递函数可简化为 K,描述位移换能器输出电压对摆锤位移的响应;积分器的传递函数是 $\dfrac{1}{R_2 C_2 s}$。反馈地震计输出电压对地动速度的传递函数简化为式(6-5-1)

$$H_{VBB}(s) \approx \frac{1}{EC_1} \cdot H_{HP}(s) \cdot H_{LP}(s) \tag{6-5-1}$$

$$H_{HP}(s) = \frac{s^2}{s^2 + \left(\dfrac{1}{R_1 C_1} + \dfrac{\omega_0^2}{KEC_1}\right)s + \dfrac{1}{R_2 R_3 C_1 C_2}} \tag{6-5-2}$$

$$H_{LP}(s) = \frac{KEC_1 s + \dfrac{KE}{R_L}}{s^2 + \dfrac{1}{R_L C_1}s + \dfrac{KE}{R_L}} \tag{6-5-3}$$

式(6-5-1)中的常数项 $\dfrac{1}{EC_1}$ 为宽频带反馈地震计灵敏度,$H_{HP}(s)$ 为二阶高通滤波器传递函数,$H_{LP}(s)$ 为二阶低通滤波器传递函数。

自振周期 T 和阻尼分别为式(6-5-4)和式(6-5-5)。

$$T = 2\pi \sqrt{R_2 R_3 C_1 C_2} \qquad (6\text{-}5\text{-}4)$$

$$D = \frac{T}{4\pi} \cdot \left(\frac{1}{R_1 C_1} + \frac{\omega_0^2}{KEC_1} \right) \qquad (6\text{-}5\text{-}5)$$

式(6-5-4)表明,闭环反馈后,自振周期只与反馈电路中两只电阻 R_2、R_3 和两只电容 C_1、C_2 的取值有关。阻尼 D 可通过阻尼电阻 R_1 调节。

自振周期 T 由反馈电路参数决定,与机械摆的参数无关,合理选择反馈电路中的电子元器件参数值,就可以确定地震计的低频截止频率及地震灵敏度。

从式(6-5-4)和式(6-5-5)可以看出,特定的几个参数影响地震计的周期和阻尼。基于模拟技术设计的传统地震计一经研制,参数很难调整(崔庆谷,2003)。而如果引入数字反馈技术,这些参数可以通过 CPU 编程而改变,灵活配置地震计的传递函数,改变周期和阻尼等。

6.5.2 数字反馈技术分析

1)完全数字反馈技术

Erhard Wielandt 首先提出力平衡反馈技术,并研制了 STS-2 等经典地震计。他指出,完全数字反馈技术动态范围不够,具有局限性,还不能应用于反馈地震计。

完全数字反馈的技术方案见图 6-19。将传统的模拟反馈网络中的比例、积分、微分反馈网络用算法实现,和模数转换器 ADC、数模转换器 DAC 一起构成反馈网络,地震计的其他环节不变。完全数字反馈是对整个反馈网络数字化,由于地震计采用力反馈技术,DAC 输出加速度信号控制反馈力,而 DAC 的动态范围存在 120~140 dB(6~7 个数量级)的限制;ADC 由速度信号输入动态范围约 140 dB。而对应的,采用模拟反馈技术系统产生反馈电流的动态范围在 240 dB(12 个数量级)(Wielandt,2002)。由于是力平衡反馈,动态范围用加速度值计算,传统地震计是速度输出,输出上限满度值一般为 10 mm/s,频点 40 Hz 加速度约 2.5 m/s²,在低频段加速度输出下限约 10^{-9} m/s²;按实际地震计一般指标计算,动态范围为 $20\lg(2.5/10^{-9})$ ≈188 dB,显然 ADC 和 DAC 140 dB 的动态范围达不到要求。因此,采用完全数字反馈技术的地震计无法满足从远震长周期到区域大地震的加速度幅值变化范围,与传统地震计相比,动态范围明显不足,完全数字反馈不可行。

2)局部数字反馈技术

局部数字反馈技术就是只对反馈电路中的积分器进行数字化,见图 6-20。反馈电路包括电容、电阻和积分器 3 个支路。其中,电阻控制阻尼,通常阻值很大,引起的反馈很弱,不做数字化考虑;地震计的速度反馈由微分电容 C 实现,如果用数字技术实现速度反馈(微分通过算法实现),高频大动态和低频长周期信号观测不到,地震计不能实现大的动态范围,因此不能将微分电容数字化。加速度反馈由积分器实现,下面计算加速度反馈的动态范围。在长周期频段,地震计的输出主要是加速度反馈,加速度反馈的频带上限与地震计低频拐点的自振周期一致,按 100 s 计算。在 100 s 上输出加速度约 0.000628 m/s²,则加速度反馈的动态范围是 $20\lg$ (0.000628/10^{-9})≈116 dB,可以用 ADC 和 DAC 实现。因此,只做加速度反馈在理论上可行,需将反馈网络积分器进行数字化设计即可。

3)数字积分器设计

传统宽频带反馈地震计的积分电路是由放大器与电阻电容构成的模拟积分电路,见图 6-21。其 s 域的传递函数为 $H(s) = \dfrac{1}{R_2 C_2 s}$,那么 z 域的传递函数为图 6-21 积分电路

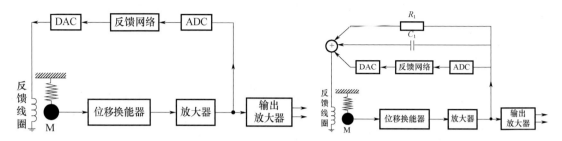

图 6-19　采用完全数字反馈技术的系统　　　　图 6-20　采用局部数字反馈技术的系统

$$H(z) = \frac{T_s}{R_2 C_2 (1 - z^{-1})} \tag{6-5-6}$$

式中，T_s 为采样周期。令 $H(z) = \dfrac{y(z)}{x(z)}$，可得

$$y(z) = z^{-1} y(z) + \frac{T_s}{R_2 C_2} x(z) \tag{6-5-7}$$

相应的时域差分方程为

$$y(n) = y(n-1) + \frac{T_s}{R_2 C_2} x(n) \tag{6-5-8}$$

根据式（6-5-8）得到积分运算流程（图 6-22），$y(n)$ 延时一个周期后的信号 $y(n-1)$ 与 $\dfrac{T_s}{R_2 C_2} x(n)$ 累加后输出。积分程序设计时要以该流程图为指导。

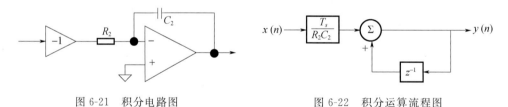

图 6-21　积分电路图　　　　　　　　　图 6-22　积分运算流程图

6.5.3　数字积分器电路设计

数字积分器系统设计框图见图 6-23。地震计的输出电压 V_{BB} 信号经 A/D 模数转换器采样转换为数字信号；数字信号分成两路在 CPU 中处理，其中一路信号进行数值积分运算，另一路信号衰减 K 倍，然后将两路信号累加输出，通过 D/A 模数转换器恢复为模拟信号 V_{LP}。

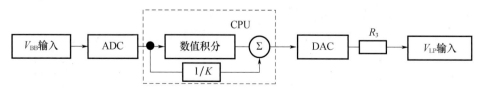

图 6-23　数字积分器设计框图

图 6-24 为井下地震仪实际设计制作的印制电路板（PCB）。

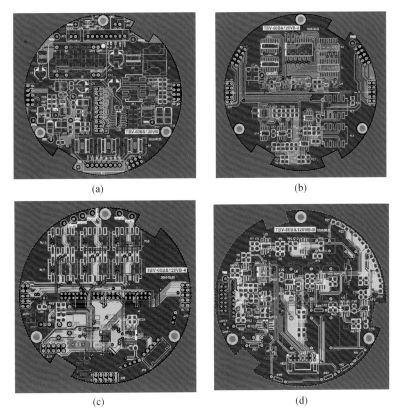

图 6-24　实际设计制作的井下地震仪印制电路板（PCB）
(a)电源；(b)信号震荡电路；(c)主控 CPU；(d)弱信号拾取电路

6.6　井下定位定向系统

　　测震台站地震计方位的精确定向对于利用地震观测资料开展各向异性、面波频散、接收函数和震源机制解等研究具有重要意义（李少睿 等，2016）。井下定位定向技术，是井下甚宽频带地震仪能否获取高质量数据一个关键的因素。井下探头能否刚性地和井壁耦合对获取的地震信号的优劣至关重要，在 2000 m 深的井底，需要方便准确地知道探头的安装方向，是地震学家一直未解决的一个难题。

　　井下定位定向系统由井下部分、传输部分和地表部分组成。姿态仪（罗盘、陀螺仪等）和井壁锁内置在密封腔体内，地表部分由 ITU、井锁控制器和相应的软件组成（图 6-25）。

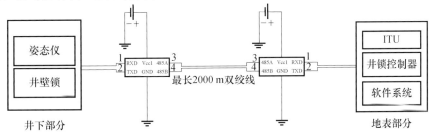

图 6-25　井下定位定向系统示意图

6.6.1 罗盘定向

井下地震计安装时一般使用磁通门或陀螺仪进行定向,部分未使用磁通门或陀螺仪进行定向的台站,安装仪器后也采用了间接方法确定井下地震计水平向方位角(李少睿 等,2016)。

早期的井底定向采用井底安装好一个基座,通过井下陀螺仪等方式对好基座的方位,然后将地震计安装在此基座上,虽然此种定向方式存在读数误差和测量的不方便性,但对于 0~300 m 的观测井,也不失为一种可行的定向方案。对于 300 m 以上的观测井,目前采用集成在井下地震仪密封腔体中电子罗盘进行定向。

电子罗盘是通过检测地球磁场的磁感应强度来确定方向的,所指北为磁北极,实际定向结果还要考虑当地的磁偏角(图6-26)。

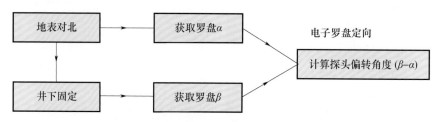

图6-26　电子罗盘定向原理框图

井下电子罗盘水平放置在地球磁场中,顺时针旋转,角度增加;逆时针旋转,角度减小。图6-27中绿色箭头表示地震计相对探头的方向。

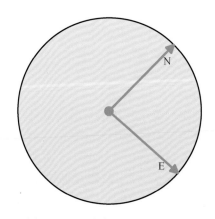

图6-27　地震计的相对安装方向

下井前,将仪器(内部电子罗盘水平)竖立在井口附近,旋转传感器,将地震计的"N"方向指向该处的磁北极(手持罗盘定向),此时,我们获取电子罗盘的值,为88°(图6-28)。

下井完成后,再一次获取电子罗盘的参数,为323°(图6-29)。

也就是说,下井过程中,仪器顺时针旋转了235°,即∂为235°。图6-30所示为电子罗盘最终的方向指示。

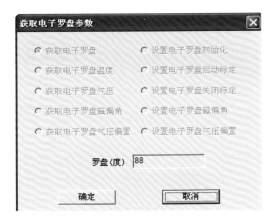
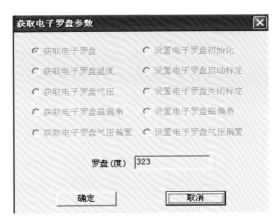

图 6-28　井上电子罗盘的获取值　　　　　图 6-29　井下电子罗盘的获取值

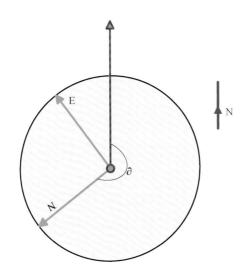

图 6-30　探头的实际安装方向

测试可得,井下宽频带地震计的"N"最终方向指示为南偏西 55°。

电子罗盘的技术指标见表 6-4。

表 6-4　电子罗盘技术指标

名称	指标
定向精度	≤±5°
传感器类型	磁传感器
辅助测量	温度、气压
数据传输	RS485
传输距离	可达 2000 m
功耗	<0.1 W
传感器尺寸	22 mm×15 mm×3.2 mm

但内置电子罗盘井底方位定向误差小于 5°,且电子罗盘容易受磁性介质的影响,不能安装在普通钢管内。

6.6.2 光纤陀螺定向

光纤陀螺是基于萨格奈克（Sagnac）效应的新型全固态光学陀螺仪。它没有机械运动部件，无物理相位接口，可以制作得非常坚固；工作不受位置和天气的影响，且具有体积小、灵敏度高、启动时间短、耐冲击、寿命长、动态范围宽、功耗低等诸多优点（张德宁 等，2006），特别适合深井地震仪器定向。

1）光纤陀螺仪工作原理

光纤陀螺仪（FOG）根据其工作方式可分为干涉型 FOG（IFOG）和谐振型 FOG（RFOG）两大类。但不论是哪种形式，其工作原理都是利用 Sagnac 效应来检测角速度（图 6-31）。具体原理如下。

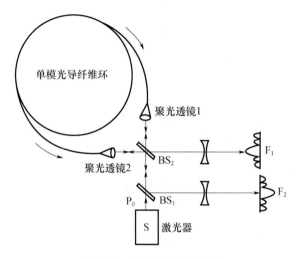

图 6-31　光纤陀螺仪原理图

Sagnac 效应指出，在一闭合回路（半径为 R）中，沿顺时针（CW）方向和逆时针（CCW）方向传播的两束光的光程差 ΔL 与闭合回路的旋转角速度 ω、回路面积 A 成正比，与真空中的光速 C 成反比，即

$$\Delta L = \Delta t \cdot C = C\left(\frac{2\pi R}{C - R\omega} - \frac{2\pi R}{C + R\omega}\right) = \frac{4A}{C} \cdot \omega \tag{6-6-1}$$

实际的光纤陀螺闭合回路是 N 圈光纤绕制而成的，则积累的光程差为

$$\Delta L_N = \frac{4AN}{C} \cdot \omega \tag{6-6-2}$$

相应的 Sagnac 相位差为

$$\Delta \Phi_S = \frac{2\pi}{\lambda_0} \cdot \Delta L_N = \frac{8\pi AN}{\lambda_0 C} \cdot \omega = k_S \cdot \omega \tag{6-6-3}$$

式中，k_S 被称为比例因子，它表征光纤陀螺灵敏度的大小。

由此可见，光在 Sagnac 效应中产生的光程差、相位差与旋转角速度 ω 成正比，只要通过光的干涉原理测出 $\Delta \Phi_S$ 后，便可得到闭合回路的旋转角速度 ω，再经积分即得闭合回路的旋转角度值。

2）连续旋转寻北系统原理

光纤陀螺寻北仪通常采用的方案是基于旋转定点测量的静态方案，包括二位置方案、四位置方案和多位置方案等。这些方案的基本思路是利用水平转台，使光纤陀螺的敏感轴在水平面内转动固定的角度,保持光纤陀螺静止并采集输出信号,通过两个多个对称位置的输出抵消陀螺零偏,再调用相应的寻北算法解算出寻北结果。在光纤陀螺寻北仪中,光纤陀螺自身的零偏和随机漂移对寻北仪的性能有很大影响,为此,相关领域的专家和学者提出了各种方法来提高寻北精度。与传统的静态寻北方案相比,基于连续旋转的动态寻北方案能够通过连续的恒速旋转使陀螺信号受到周期性调制,有效地抑制光纤陀螺的零偏和随机漂移,提高寻北精度,缩短寻北时间(段苛苛 等,2014)。

设地球自转的角速度为 ω_e,井孔所在地的地理纬度为 φ,井孔的参考北向(沿水平方向)与真北方向的夹角为 α,则井孔的参考北向沿水平面的地球自转角速度为

$$\omega_i = \omega_e \cos\varphi \cos\alpha \tag{6-6-4}$$

当已知 ω_e、φ 并由陀螺仪测得 ω_i 后,就可根据式(6-6-4)计算出 α。但因无法消除陀螺漂移而使得计算误差较大。为克服陀螺漂移对计算结果的影响,一般采用四位置法,旋转平台如图 6-32所示,将光纤陀螺置于旋转基座上,基座平面平行于水平面,分别在旋转平台 $0°$、$90°$、$180°$、$270°$ 位置采样陀螺仪的型号。

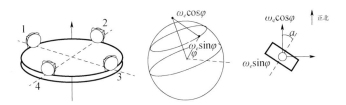

图 6-32　四位置法寻北原理示意图

根据式(6-5-4),陀螺在 $0°$、$90°$、$180°$、$270°$ 位置的输出值分别为

$$\begin{cases}\omega_1 = \omega_e\cos\varphi\cos\alpha + \varepsilon(t_1)\\ \omega_2 = \omega_e\cos\varphi\cos(\alpha+90) + \varepsilon(t_2) = -\omega_e\cos\varphi\sin\alpha + \varepsilon(t_2)\\ \omega_3 = \omega_e\cos\varphi\cos(\alpha+180) + \varepsilon(t_3) = -\omega_e\cos\varphi\cos\alpha + \varepsilon(t_3)\\ \omega_1 = \omega_e\cos\varphi\cos(\alpha+270) + \varepsilon(t_4) = \omega_e\cos\varphi\sin\alpha + \varepsilon(t_4)\end{cases} \tag{6-6-5}$$

式中,$\varepsilon(t_1)$、$\varepsilon(t_2)$、$\varepsilon(t_3)$、$\varepsilon(t_4)$ 分别为四次采样时刻的陀螺漂移。因寻北时间较短,故可近似认为 4 个位置上陀螺的漂移相等,可以得到

$$\alpha = \tan^{-1}\frac{\omega_4 - \omega_2}{\omega_1 - \omega_3} \tag{6-6-6}$$

3)连续旋转寻北系统结构与算法

基于连续旋转寻北方案的光纤陀螺寻北系统结构框图如图 6-33 所示。系统主要由角速率传感器光纤陀螺,一个旋转设备如机械转台,一个与旋转设备相连的电机及其驱动与控制模块,信号采集模块、寻北解算及控制计算机等构成(徐海刚 等,2010a,2010b)。光纤陀螺垂直安装在调平后的转台中心,其敏感轴与转台平面平行,与转台的旋转轴相垂直;转台在电机的驱动下以恒定的角速度 Ω rad/s 旋转,在旋转的过程中,同时采集光纤陀螺的输出信号和旋转编码器的位置信号,并送入计算机经过寻北解算得出寻北结果。

转台旋转时,光纤陀螺在 t 时刻的输出为

$$\omega(t) = \omega_e\cos\varphi \cdot \cos(\Omega t + \alpha) + \varepsilon(t) \tag{6-6-7}$$

式中,$\Omega = 2\pi f$(f 为转台旋转的频率,单位为 Hz),Ωt 为理论上 t 时刻旋转编码器采集到的位置信息。由式(6-6-7)可知,光纤陀螺沿转台轴旋转产生的输出符合余弦曲线特征,曲线的峰

值对应的光纤陀螺敏感轴位置与真北方向重合,曲线的过零点分别对应正东和正西方向(段苛苛 等,2014)。

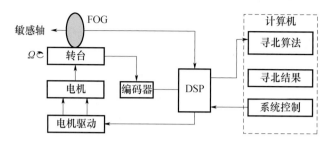

图 6-33　使用连续旋转寻北方案的光纤陀螺寻北系统框图

由于光纤陀螺的输出受零漂 ω_0 和各种随机噪声 $\varepsilon(t)$ 的影响,随机噪声 $\varepsilon(t)$ 主要由周期分量和白噪声组成。因此,连续旋转方案下光纤陀螺的输出模型为

$$\omega(t)=\omega_0+\omega_e\cos\varphi\cdot\cos(\Omega t+\alpha)+\sum_{f_n>0}^{\infty}\Omega_{f_n}(t)+n(t) \tag{6-6-8}$$

式中,$\Omega_{f_n}(t)=\Omega_{f_n}\cos(2\pi f_n+\varphi_n)$,是幅值为 Ω_{f_n},频率和初始相位分别为 f_n 和 φ_n 的周期噪声,$n(t)$ 为白噪声。

由光纤陀螺在连续旋转方案下的输出式(6-6-8)和互相关估计理论可知,利用 2 个相互正交的、与陀螺输出采样频率相同的正、余弦信号,便可以高精度地解算出光纤陀螺初始方向与真北向的夹角。取 2 个参考信号为

$$f_1(t)=\cos(2\pi f t) \tag{6-6-9}$$

$$f_1(t)=\sin(2\pi f t) \tag{6-6-10}$$

式(6-6-8)与参考信号式(6-6-9)的相关函数为

$$R_1=\lim_{T\to\infty}\frac{1}{T}\int_0^T f_1(t)\omega(t)\,\mathrm{d}t \tag{6-6-11}$$

将式(6-6-8)代入式(6-6-11),可得

$$R_1=\lim_{T\to\infty}\frac{1}{T}\int_0^T f_1(t)\omega_e\cos\varphi\cdot\cos(\Omega t+\alpha)\,\mathrm{d}t+\lim_{T\to\infty}\frac{1}{T}\int_0^T f_1(t)\,\omega_0\,\mathrm{d}t+$$

$$\lim_{T\to\infty}\frac{1}{T}\int_0^T f_1(t)\Omega_{f_n}(t)\,\mathrm{d}t+\lim_{T\to\infty}\frac{1}{T}\int_0^T f_1(t)n(t)\,\mathrm{d}t \tag{6-6-12}$$

根据同频信号相关,不同频信号不相关的原理,式(6-6-12)中的各项可以依次计算如下

$$\lim_{T\to\infty}\frac{1}{T}\int_0^T f_1(t)\,\omega_e\cos\varphi\cdot\cos(\Omega t+\alpha)\,\mathrm{d}t=\frac{1}{2}\omega_e\cos\varphi\cdot\cos\alpha \tag{6-6-13}$$

$$\lim_{T\to\infty}\frac{1}{T}\int_0^T f_1(t)\,\omega_0\,\mathrm{d}t=0 \tag{6-6-14}$$

$$\lim_{T\to\infty}\frac{1}{T}\int_0^T f_1(t)\Omega_{f_n}(t)\,\mathrm{d}t=\begin{cases}0,f_n\neq f\\\varepsilon_1,f_n=f\end{cases} \tag{6-6-15}$$

$$\lim_{T\to\infty}\frac{1}{T}\int_0^T f_1(t)n(t)\,\mathrm{d}t=0 \tag{6-6-16}$$

将式(6-6-13)、式(6-6-14)、式(6-6-15)、式(6-6-16)代入式(6-6-12),得

$$R_1=\frac{1}{2}\omega_e\cos\varphi\cdot\cos\alpha+\varepsilon_1 \tag{6-6-17}$$

采用类似的处理步骤,可以得到式(6-6-8)与参考信号式(6-6-10)的相关函数为

$$R_2 = \frac{1}{2}\omega_e\cos\varphi \cdot \sin\alpha \qquad (6\text{-}6\text{-}18)$$

式中,ε_1、ε_2为极小值,远小于R_1、R_2,可以在计算中忽略,于是,由式(6-6-17)和式(6-6-18)可以得到光纤陀螺敏感轴的初始方向与真北方向的夹角

$$\alpha \approx \arctan\left(-\frac{R_2}{R_1}\right) \qquad (6\text{-}6\text{-}19)$$

由于实际工作中所采集的陀螺信号和位置信号均为离散值,所以需要对上述算法做离散化处理。假设采样时间为T_s,采集的信号个数为N,于是光纤陀螺的输出为$\omega(1),\omega(2),\cdots,$
$\omega(N)$,记$\theta=2\pi fT_s$,则光电编码器采集到的位置信息为$\theta,2\theta,\cdots,N\theta$,式(6-6-17)和式(6-6-18)可以分别写为

$$R_1 = \frac{1}{N}\sum_{k=0}^{N-1}\omega_e\cos\varphi\cos(\theta k) \qquad (6\text{-}6\text{-}20)$$

$$R_2 = \frac{1}{N}\sum_{k=0}^{N-1}\omega_e\cos\varphi\sin(\theta k) \qquad (6\text{-}6\text{-}21)$$

若光纤陀螺初始方向与真北的夹角为45°,使转台的旋转速率从1(°)/s到90(°)/s,增量为1(°)/s,在每个旋转速率下使用上述算法进行计算,得到的寻北结果与设定的夹角值之间的关系如图6-34所示。从图中可以看到,只有在合适的旋转速率下,才能得到与设定值相同的寻北结果,即旋转速率必须是一个能整除360的值。此外,还可以看出,旋转速率越大,寻北结果的稳定性越差。当旋转速率较大时,很小的速率误差就可能导致较大的寻北误差。因此,连续旋转寻北方案中,转台的旋转速率要认真设计。

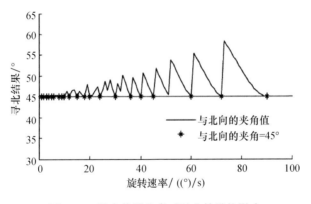

图6-34 转台旋转速率对寻北结果的影响

4)井下光纤寻北仪系统结构

井下光纤陀螺寻北仪系统结构如图6-35所示。光纤陀螺仪及其控制组件将安装在地震仪的底部,安装尺寸不大于$\varnothing 80$ mm圆柱,平台旋转轴为圆柱体的轴心,光纤陀螺仪通过连接柱与转动平台连接。

真北角度的计算由总控模块(图6-36)完成。总控模块与光纤模块(图6-37)的通信可采用单向通信,即光纤模块连续采集当前位置的光纤测量相位差值,并连续输出给总控模块。在总控模块中,根据当前安装位置的经纬度、转盘的倾角、当前转盘旋转位置、加速度测量值等参数,完成真北角的综合计算,并将结果输送至地表。

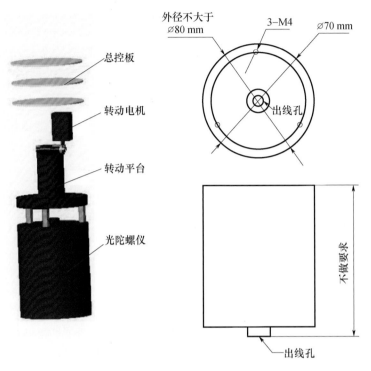

图 6-35　井下光纤陀螺寻北仪系统结构图

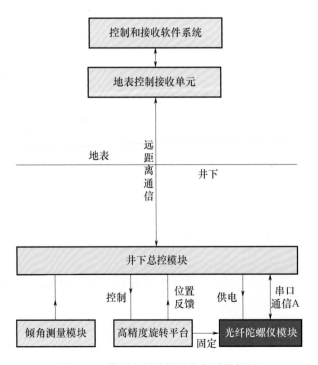

图 6-36　井下光纤陀螺寻北仪总控框图

井下光纤寻北仪的技术指标见表 6-5。

表 6-5　井下光纤寻北仪的技术指标

名称	指标
寻北精度	$\pm0.5°$
测量分辨率	$0.1°$
倾角范围	能在倾斜$\pm5°$条件下正常工作
供电电压	直流 12 V,或其他需求电压
功耗	<20 W(含转动电机)
尺寸	可安装在井下地震计内(108 mm 外径)
数据接口	RS-232(协议和接口)
工作温度	$-40\sim85$ ℃

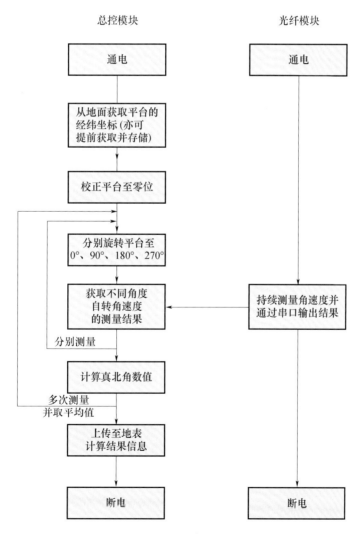

图 6-37　井下光纤寻北仪系统通信流程图

6.6.3 捷联式陀螺定向

捷联式挠性陀螺寻北仪的核心部分为两个加速度计和一个动力调谐陀螺仪(图 6-38)。两个加速度计的输入轴分别与陀螺仪的两根输入轴平行。陀螺仪和加速度计放置在可由电机驱动的台体上,其输出信号经 A/D 转换后由单片机进行解算,计算出方位角 α 及陀螺旋转轴与水平轴的倾角 β、γ。

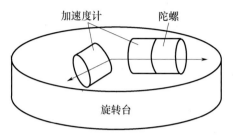

图 6-38 捷联式挠性陀螺寻北结构示意图

在旋转轴与水平面存在夹角 β、γ 时,α 计算公式为

$$\alpha = \tan^{-1}\frac{(\sin\gamma\sin\beta - A\cos\beta)}{(A\sin\beta\sin\gamma - \cos\gamma)} \qquad (6\text{-}6\text{-}22)$$

$$A = \frac{\omega_4 - \omega_2 + 2\,\omega_e\sin\varphi\cos\beta\sin\gamma}{\omega_3 - \omega_1 + 2\,\omega_e\sin\varphi\sin\beta\cos\gamma} \qquad (6\text{-}6\text{-}23)$$

式中,β、γ 可以通过加速度计垂直分量在不同位置的测量值计算,其公式为

$$\beta = \sin^{-1}\left(\frac{g_1 - g_3}{2g}\right) \qquad (6\text{-}6\text{-}24)$$

$$\gamma = \sin^{-1}\left(\frac{g_4 - g_2}{2g}\right) \qquad (6\text{-}6\text{-}25)$$

当 $\beta = 0$、$\gamma = 0$ 时,式(6-6-22)将变为(6-6-6)。

6.6.4 井壁锁系统

井下传感器的安装稳固对系统可靠记录非常关键,常规的井壁固定装置有井底底座、单爪井壁锁、三爪井壁锁、上下双井锁等(图 6-39)。对于某口井,具体采用何种锁壁方式,取决于安装位置、传感器类型、观测井介质、观测井线缆等多种因素,但不同的井锁虽然结构不尽相同,但原理上都是由井上给出控制信号,控制井底传感器的张臂锁井、收臂解锁。

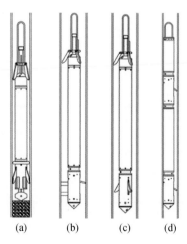

图 6-39 常规的几种锁井方式

(a)井底底座;(b)单爪井壁锁;(c)三爪井壁锁;(d)上下双井锁

1)原理

井壁锁是将探头锁在井壁的装置,其原理如图 6-40 所示,它由井上的井锁控制器和井下

的锁井机电装置组成。井锁控制器直流可调电源的电压可调范围为 0～100 V,1 A 以上的输出电流;控制盒上有红色 LED 电源指示,绿色 LED 电机指示;电源开关接通,红色 LED 亮,表示井壁锁进入工作状态。开关打至张壁端,绿色 LED 灯亮表示张臂;开关打至收臂端,绿色 LED 灯亮表示收臂;绿色 LED 灯灭,表示到位,电机不工作。

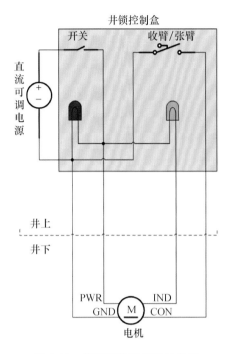

图 6-40　井壁锁装置原理示意图

　　TBE-10 井壁固定装置由推靠臂、驱动马达、弹簧、丝杆、靠壁钢条、控制电路等组成(图 6-41)。当仪器下放到井下预定深度时,通过地面控制器启动马达,实现推靠臂从收臂到张臂过程。推靠臂张开一定角度后,整套仪器可牢固地固定在井壁基岩面上(图 6-42)。该固定装置为综合深井仪器提供了一个稳固的安装平台,一旦安装好,它将长期维持一个正压力在井壁上,不需要人为干涉。

图 6-41　TBE-10 井壁锁井装置示意图

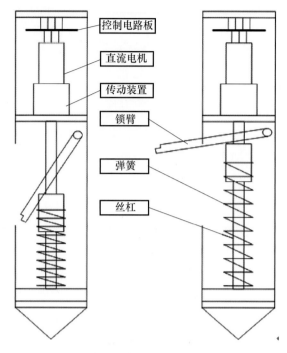

图 6-42　张臂和收臂状态示意图

2) 接口定义

井下有 4 根线到达井上 (图 6-40)，接口定义见表 6-6。

表 6-6　井壁锁的接口定义表

名称	颜色	定义
PWR	红	电源
GND	黑	接地
CON	白	控制
IND	灰	指示

3) 性能指标

井壁锁的性能指标见表 6-7。

表 6-7　井壁锁性能指标表

名称	指标
可支撑重量	2t
控制单元	减速电机
供电电压	直流 48 V(18~75 V)
整机功耗	系统整体功耗<30 W
整机控制及显示	具有 LED 状态显示及按键控制
密封性能	可达水下 2000 m
保护措施	张臂和锁臂均有限位开关
材料	304 不锈钢

续表

名称	指标
结构	单爪井壁锁
密封技术	动密封

6.7　机电控制

6.7.1　电机调零控制

力平衡反馈甚宽频带地震计有着精密复杂的机械结构，且容易受到温度、气压、倾斜等外界因素的影响而偏离正常工作点。这就更使得宽频带地震计需要有一个方便、快捷且精准的调零机制。

如图 6-43 所示，数据采集器实时监测甚宽频带地震计的零位信号，根据检测到的零位信号决定是否需要给地震计调零。若有需要，数据采集器给甚宽频带地震计发送一个自动调零命令。地震计接收到调零命令后，开始自动调零过程。调零电路中有嵌入式微处理器，一边及时监视零位信号，一边控制 H 桥驱动精密马达实施调零，同时还从串口输出当时的调零信息。

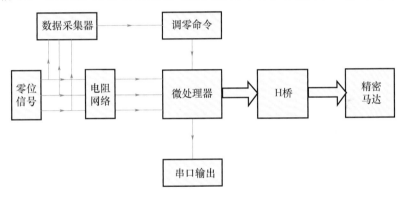

图 6-43　甚宽频带地震计调零原理框图

每个摆体配有一个电机自动调零机构，由电机、转轴、重物块等组成（图 6-44）。电机通过正反向调整转轴以滑动重物块，井下甚宽频带地震仪检测当前的零位状态并反馈到电机输出，从而精确地调整运动部件直至传感器的合力矩归零，实现自动调平。

图 6-44　电机自动调零机构

调零程序的流程图如图 6-45 所示。

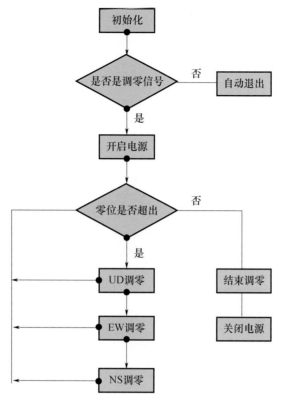

图 6-45　调零程序流程图

6.7.2　电机锁摆控制

锁摆开摆机构是一个精密的机电部件,由电机、涡轮涡杆机构、弹簧卡扣组成,如图 6-46 所示。地震仪在运载和部署模式实施锁摆,通过涡轮涡杆机构将电机转动转换为机构的向上平动,使弹簧卡扣受力卡锁摆体,进而阻止摆体随井壁运动;地震仪在工作模式实施开摆,开摆过程与锁摆过程相反,机构向下平动解除弹簧卡扣的受力,进而解除对摆体的卡锁,实现摆体随井壁的自由运动。

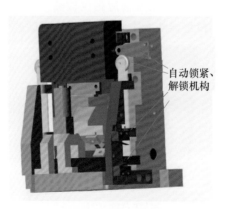

图 6-46　锁摆开摆机构

6.8　接头密封

密封是井下地震计不容忽视的关键环节,其可靠程度与地震计的工作情况息息相关(张乐等,2020)。井下地震计是采用电缆连接进行信号的传输和数据通信,若存在壳体密封效果较差或密封性失效时,轻则造成电路板局部短路,无法正常工作;重则很可能导致井下地震计的报废。因此,对井下地震计密封性的研究和检验至关重要。

密封装置的类型极为繁多,井下地震仪多以O形密封圈来保证密封的效果。设计地震计时经常会采用与主壳筒相连的上下接头的结构设计(图6-47),其中部分仪器使用的并不是标准的密封圈,这就要设计者根据实际需求进行密封槽和密封圈的设计。为了确保井下设备密封的持久性和可靠性,通常采用两道或多道密封圈。

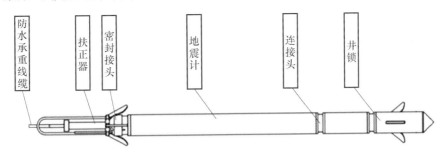

图6-47　井下地震仪密封接头示意图

6.8.1　O形密封圈原理

O形密封圈是一种界面形状为圆形的挤压型自密封结构橡胶圈,是密封装置中应用最广泛的密封件(图6-48)。只要O形圈存在初始压力,就可实现无泄漏的绝对密封。O形密封圈具有尺寸小装拆方便、动静密封均可用、静密封几乎没有泄漏、单件使用双向密封、动摩擦力小等优势,在井下等环境中广泛应用。

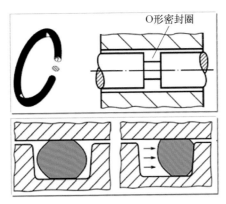

图6-48　O形密封圈原理示意图

O形密封圈材料有聚氨酯橡胶、丁腈橡胶(NBR)、氯丁橡胶(CR)、乙丙橡胶(EPDM)、异丁橡胶(IIR)、氟橡胶(FPM)、硅橡胶(SI)和低弹性橡胶等,各材料的特性见图6-49。JD-2型深井地震仪采样的是丁腈橡胶O形密封圈(胡履端 等,1989)。

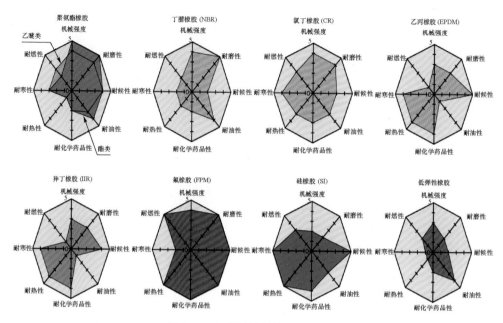

图 6-49　O形圈材料特性比较图

6.8.2　O形密封圈设计

　　由于井下仪器处于高温、高压、腐蚀性流体之中,所以密封问题是一个十分突出的问题。外壳的端部一般采用两道密封圈的形式,密封圈选用O形圈,其材料是氟橡胶。氟橡胶质密而硬,高温下不易软化是比较理想的材料,用它压成的密封圈可耐温200 ℃以上。套装时,不能因密封槽太浅而装不进其他外壳里,也不能因密封圈压得过紧导致损坏。但密封槽也不可过深,否则因密封圈与被密封表面接触较松,同样会导致进水。因此,为了确保密封,设计时,要计算各种因素影响下的O形密封圈的压缩率,从而确定密封槽的合理深度(田薇薇,1991)。

　　图 6-50 给出了密封圈安装后的变形情况。最大槽深为

$$h_{\max} = \frac{(D_i)_{\max} - (D_1)_{\min}}{2} \tag{6-8-1}$$

式中,

$$(D_i)_{\max} = D_i + \Delta_1 + \Delta_2 + \Delta_3 \tag{6-8-2}$$

$$(D_1)_{\min} = D_1 - \Delta'_1 - \Delta'_2 - \Delta'_3 \tag{6-8-3}$$

式中,D_i 为筒的内直径;D_1 为轴上槽底处的直径;Δ_1 和 Δ'_1 为由机加工引起的增大值和减小值;Δ_2 和 Δ'_2 为由内压引起的增大值和减小值,内压力为零,可不予考虑;Δ_3 和 Δ'_3 为由温度影响引起的变化值,因筒与轴的材料相同,可不予考虑。

　　密封圈最小压缩率定义为:

$$(Y_b)_{\min} = \frac{b_{\min} - h_{\max}}{b_{\min}} \times 100\% \tag{6-8-4}$$

式中,$b_{\min}$ 为密封圈截面直径。如选标准O形密封圈得截面直径为 $d = 3.53$ mm,公差为 0.1 mm。故有 $b_{\min} = 3.53$ mm $- 0.1$ mm $= 3.43$ mm,因而

$$(Y_b)_{\min} = \frac{3.43 - 2.9}{3.43} \times 100\% = 15.45\% \qquad (6\text{-}8\text{-}5)$$

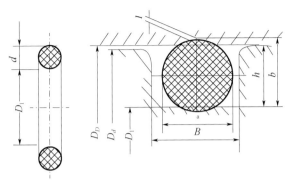

图 6-50　密封圈安装示意图

O 形密封圈材料《普通液压系统用 O 形橡胶密封圈材料》(HG/T 2579—2008)规定,固定密封、往复运动密封和回转运动密封其压缩率应分别达到 15%～25%、10%～20% 和 5%～10%,才能取得满意的密封效果。派克公司规定高压密封用 O 形密封圈的压缩率为 15%～23%。JD-2 型深井地震仪的压缩率为 15%,经过多年的实际使用,密封牢靠,效果良好(胡履端 等,1989)。

6.8.3　O 形密封圈性能评价

目前,O 形密封圈的设计大多是依据经验和定性原则进行,因此在设计时无法对系统的密封性能做出合理的评价。事实上,O 形圈在密封槽内的变形及密封界面上接触应力的分布是影响 O 形圈密封性能的重要参数,但要得到接触应力的精确解是非常困难的。尽管水压实验能对 O 形圈的密封性能进行检验,但是无法得到密封圈的变形和接触应力的分布情况,也无法确定 O 形圈的设计是否最优,更不能对密封结构的安全裕度做出评价。基于上述原因,黄中华等(2007)采用有限元方法对高压舱的 O 形密封圈进行应力和变形分析,通过获取密封圈在受压工作时的接触应力分布,为 O 形圈的密封性能评价和优化设计提供了一种定量分析的方法。

1)O 形密封圈评价准则

根据密封理论,密封面要封住介质就必须在其上存在一个比压(单位面积的压力值)。在图 6-51 所示的 O 形圈密封模型中,实现可靠密封的充分必要条件是 O 形圈上下法兰之间连续界面上的接触应力不小于被密封压力,即

$$P \leqslant \min(\sigma_1, \sigma_2) \qquad (6\text{-}8\text{-}6)$$

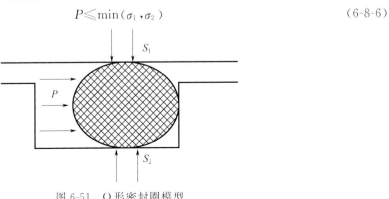

图 6-51　O 形密封圈模型

实际上,O形圈在受压时沿密封界面的接触应力分布是非均匀的,尽管只要其应力峰值大于密封压力就可实现密封,但是如果最大应力能有连续的密封带会使系统的密封性能更加可靠。

2)O形密封圈应力计算

橡胶是一种近似不可压缩的超弹性材料,其本构关系是复杂的非线性函数,通常用应变能函数表示。由于橡胶变形后的体积近似不变,其应力不能由变形状态唯一确定,而是由变形和静水压共同确定。从变分角度讲,由于不可压缩条件的存在,橡胶体的有限元分析变成一个等式条件变分问题。目前广泛采用 Mooney-Riv lin 模型描述橡胶材料的应变能函数,同时附加体积约束能量项,可得到一个修正的应变能函数。利用修正的应变能函数可使问题化为一个无条件变分问题(黄中华 等,2007)。

在 ANSYS 中,采用如下形式的修正应变能函数描述不可压缩的超弹性体问题

$$W = C_1(J_1-3) + C_2(J_2-3) + C_3(J_3-3)^2 + C_4(J_1-3)(J_2-3) +$$
$$C_5(J_2-3)^2 + C_6(J_1-3)^3 + C_7(J_1-3)^2(J_2-3) +$$
$$C_8(J_1-3)(J_2-3)^2 + C_9(J_2-3)^3 + K(J_3-1)^2/2 \qquad (6\text{-}8\text{-}7)$$

式中,$J_1 = I_1 I_3^{\frac{1}{3}}$,$J_2 = I_2 I_3^{\frac{1}{3}}$,$J_2 = I_3^{\frac{1}{3}}$,$K = 2\left(\dfrac{(A+B)}{1-2\mu}\right)$,W 为修正应变能函数,$C_1$ 至 C_9 为材料常数,I_1、I_2、I_3 为应力张量的第一、第二、第三不变量,A、B 为常数。

式(6-8-7)是一个完整的非线性模型,在实际应用中往往由于常数测量困难仅取部分项,比如前三项进行近似计算。

O形圈密封模型的有限元网格模型如图 6-52 所示。图中的圆圈代表 O 形圈,采用超弹性单元 HYPER56 模拟,上边、下边和右边的直线代表 O 形圈的槽壁,因此在 O 形圈的上边、下边和右边均定义了"面对面"的柔性接触。

模型的相关参数:O形圈直径为 5.3 mm,密封压力 P 为 60 MPa,O 形圈的材料参数为 E 为 2.82 MPa,μ 为 0.49967。由于槽壁刚度比 O 形圈大很多,O 形圈的预紧可以看成是由槽壁指定方向上的位移引起的。图 6-53 是 O 形圈在预压缩量 $\Delta x = 1$ mm 时的形状和接触应力分布,由图可以看出,O 形圈在预紧后发生巨大的变形,与槽壁的上边、下边和右部均产生了对称的连续接触带,最大接触应力 P_m 为 1.124 MPa。

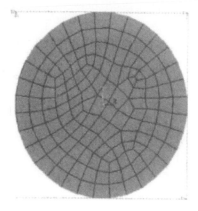

图 6-52　O 形圈网格模型

| 0 | 0.249004 | 0.49960 | 0.749651 | 0.999535 |
| 0.124942 | 0.374026 | 0.62471 | 0.874593 | 1.124 |

图 6-53　O 形圈预紧后接触应力分布

图 6-54 是 O 形圈在密封压力为 60 MPa 时的形状和接触应力分布,与图 6-53 相比可以看出,由于密封压力的作用,O 形圈受到严重挤压,几乎完全填满了密封槽的右腔;O 形圈与槽壁的上边、下边和右边均产生了几乎对称的接触带。密封面的最大接触应力为 61.555 MPa。最大接触应力大于密封压力,并且有连续的密封带,表明 O 形圈能可靠实现 60 MPa 的密封。

图 6-55 是 O 形圈的预紧量和最大接触应力关系,从图中可以看出,随着 O 形圈预紧量的增加,最大接触应力也随之增加。由此可见,适当地增加 O 形圈的预紧量,可以有效增大预紧时的密封接触应力。

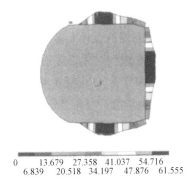

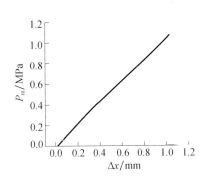

图 6-54　密封 60 MPa 时的接触应力分布　　　图 6-55　O 形圈预压缩量和接触应力

图 6-56 是 O 形圈密封在不同密封压力时的最大接触应力变化曲线,从图中可以看出,在不同的密封压力下,最大接触应力始终大于密封压力;曲线在 40 MPa 时出现较大的波动,这主要是因为 O 形圈在此时已经完全填满了密封槽的右腔。

图 6-57 是 O 形圈预压缩量和密封时的最大接触应力关系曲线,从图中可以看出,增加 O 形圈的预压缩量只能缓慢增大 O 形圈密封时最大接触应力,尤其是当 O 形圈的预压缩量大于 1 mm 以后,最大接触应力基本不再变化。因此,在设计 O 形圈的预压缩量时没有必要设计得太大。

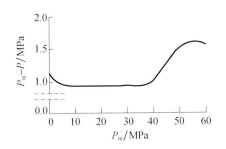

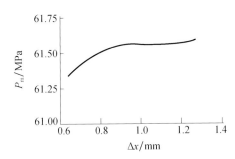

图 6-56　加压时接触应力变化图　　　　　图 6-57　O 形圈预压缩量与最大接触应力关系图

6.8.4　井下甚宽频带地震仪密封结构

井下甚宽频带地震仪防水密封采用 304/316 无磁性不锈钢,深井线缆采用聚氨酯防水护套柔性电缆,内置凯夫拉软钢丝,不锈钢仪器接头与铜钎连接处采用耐高温环氧树脂、聚氨酯材料多层密封耦合防水,其密封结构如图 6-58 所示。

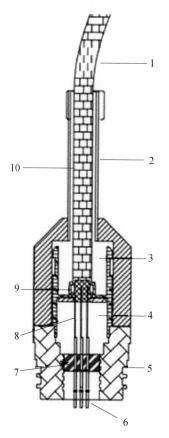

图 6-58　井下甚宽频带地震仪密封结构图

1—深井线缆；2—不锈钢封胶管；3—聚氨酯软胶腔；4—环氧树脂硬胶腔；

5—仪器连接头；6—铜针；7—特氟龙铜针固定块；8—连接线；

9—线缆护套密封环；10—环氧树脂硬胶不锈钢管

第 7 章
长距离数据传输技术

数据传输是现代地震仪器中的关键技术之一。地震数据采集记录系统是地震仪器最重要的核心设备之一。它是集数据传感、采集、传输、处理和控制于一体的高精度复杂系统,其采集精度、数据传输方式直接影响地震仪的性能和观测精度。设计好的数据传输方案既可以降低对电路系统功耗和器件数的要求,又可以降低对电缆的性能要求。同其他设备一样,随着电子和通信技术的不断发展,地震计由于不断采用先进、成熟的数据传输技术也得到了很大的发展(易碧金,2008)。

二十世纪八十年代以前,由于技术问题,地震计基本没有采用总线技术。原国家地震局实施的"768 工程"虽然实现了地震观测数据的传输,但采用的是模拟传输技术,利于微波技术进行模拟信号的传输,传输质量低,维护困难(孙其政 等,2007)。二十世纪九十年代,中国地震局实施的"九五"项目采用了一种混合的总线技术,在台站端研制了数据采集器,并研制了利于电话网进行数据通信的通信单元。数据采集器负责把台站的各种电压、电流和频率输出的模拟数据转换为数字数据,通信单元负责和数据采集器进行通信。由于二十世纪九十年代研制的一些地震计具备了一定的通信功能,因此,通信单元上设置了多个 RS-232 口,这些 RS-232 口负责和具有通信功能的仪器通信,仪器的选择通过通信协议中的数采号进行区分,一个台站上的通信单位最多可以控制 256 台仪器,可以满足地震台站通信要求(陈兴东 等,2006)。

在工业领域中,RS-485 被认为是长距离设备间的信号传输接口标准,并且被广泛应用于传感器的串行接口。RS-485 的关键特质是它的传输速率高,传输距离远,行业广泛认可的传输距离为 1200 m。

本章在介绍现有地震有限传输技术的基础上,针对井下 2400 m 长传输需求,重点论证 RS-485 长距离传输的设计方案、传输协议及数据处理平台。

7.1 地震仪常用的有线传输技术

目前地震仪器中常用的有线传输技术主要是低速的串行通信技术,如 RS-232、RS-485 等通信技术。串行通信中,传输速率是用每秒传送的位数(b/s)来表示的,称之为波特率。随着通信技术的发展,高速的串行通信技术,如 LVDS、网络通信等技术也越来越广泛地应用到地震仪器的数据传输和控制中。

RS-232、RS-422 与 RS-485 都是串行数据接口标准,最初都是由美国电子工业协会(EIA)制订并发布的,RS 232 在 1962 年发布,命名为 EIA-232-E,作为工业标准,以保证不同厂家产品之间的兼容。RS-422 由 RS-232 发展而来,它是为弥补 RS-232 的不足而提出的。为改进 RS-232 通信距离短、速率低的缺点,RS-422 定义了一种平衡通信接口,将传输速率提高到

10 Mb/s,传输距离延长到 4000 英尺(速率低于 100 kb/s 时),并允许在一条平衡总线上最多连接 10 个接收器。RS-422 是一种单机发送、多机接收的单向平衡传输规范,被命名为 TIA/EIA-422-A 标准。为扩展应用范围,EIA 又于 1983 年在 RS-422 基础上制定了 RS-485 标准,增加了多点、双向通信能力,即允许多个发送器连接到同一条总线上,同时增加了发送器的驱动能力和冲突保护特性,扩展了总线共模范围,后命名为 TIA/EIA-485-A 标准。由于 EIA 提出的建议标准都是以"RS"作为前缀,所以在通信工业领域,仍然习惯将上述标准以 RS 作前缀称谓(林新英,2008)。

另外,RS-232、RS-422 与 RS-485 标准只对接口的电气特性做出规定,而不涉及接插件、电缆或协议,在此基础上用户可以建立自己的高层通信协议。因此,这种通信技术被广泛地应用于各个行业,目前的地震仪器也不例外。

7.1.1　RS-232 串口协议

目前 RS-232 是 PC 机与通信工业中应用最广泛的一种串行接口。RS-232 被定义为一种在低速率串行通信中增加通信距离的单端标准。RS-232 采取不平衡传输方式,即所谓单端通信。典型的 RS-232 信号在正负电平之间摆动,在发送数据时,发送端驱动器输出正电平在 +5～+15 V,负电平在 -15～-5 V。当无数据传输时,线上为 TTL,从开始传送数据到结束,线上电平从 TTL 电平到 RS-232 电平再返回 TTL 电平。接收器典型的工作电平在 +3～+12 V 与 -12～-3 V。由于发送电平与接收电平的差仅为 2～3 V,所以其共模抑制能力差,再加上双绞线上的分布电容,其传送距离最大约为 15 m,最高速率为 20 kb/s。因此,RS-232 适合本地设备之间的通信。

地表型地震仪的结构由作为传感器部分的地震计与作为信号记录部件的数据采集器两部分组成,地震计与数据采集器之间使用多芯线缆进行连接,设备间的距离相对较近,线缆增重、信号衰减和抗干扰的问题并不突出。所以,地表型地震仪数据采集模块与电脑间的通信使用 RS-232 接口。然而,RS-232 接口在 19200 bps 的波特率下最大传输距离不超过 15 m。对于井下地震仪,其仪器主体(地震计等井下设备)与数据采集器等井上设备间的距离较远,传统的数据交互方式不能满足要求,另外线缆重量和成本也随着井深的加深而增加,过重的线缆会给井下地震计的吊装等增加困难。为解决深井长距离信号传输问题,需要采用更先进的传输技术,比如 RS-485 等。

7.1.2　RS-422 串口协议

RS-422 标准全称是《平衡电压数字接口电路的电气特性》(GB/T 11014—1989),它定义了接口电路的特性。RS-422 与 RS-232 不一样,数据信号采用差分传输方式,也称作平衡传输,它使用一对双绞线,将其中一线定义为 A,另一线定义为 B,如图 7-1 所示。通常情况下,发送驱动器 A、B 之间的正电平在 +2～+6 V,是一个逻辑状态,负电平在 -6～-2 V,是另一个逻辑状态,另有一个信号 C。接收器也作与发送端相对的规定,收、发端通过平衡双绞线将 AA 与 BB 对应相连,当在收端 AB 之间有大于 +200 mV 的电平时,输出正逻辑电平,有小于 -200 mV 时,输出负逻辑电平。接收器接收平衡线上的电平范围通常在 200 mV～6 V。见图 7-1。

RS-422 的最大传输距离为 4000 英尺(约 1219 m),最大传输速率为 10 Mb/s,其平衡双绞线的长度与传输速率成反比,在 100 kb/s 速率以下,才可能达到最大传输距离。只有在很短的距离下才能获得最高速率传输。一般 100 m 长的双绞线上所能获得的最大传输速率仅为 1 Mb/s。

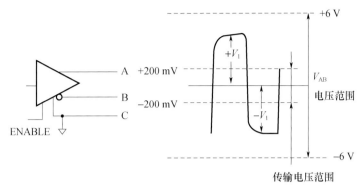

图 7-1　RS-422/RS-485 通信原理图

7.1.3　RS-485 通信协议

RS-485 是 1983 年在 RS-422 的基础上制定的串行数据接口标准(马毅超,2011)。该标准增加了多点、双向通信能力,即允许多个发送器连接到同一条总线上,同时增加了发送器的驱动能力和冲突保护特性,扩展了总线共模范围,后命名为 TIA/EIA-485-A 标准。它定义了一种平衡通信接口来弥补 RS-232(1962 年发布)通信距离短、速率低的缺点,提高了传输速率,延长了传输距离,扩展了总线上连接的节点,是一种单机发送、多机接收的单向、平衡传输规范。表 7-1 是这几种标准的具体参数对照表。

表 7-1　RS-232、RS-422、RS-485 电气特性表

仪器	RS-232	RS-422	RS-485
工作方式	单端	差分	差分
最大传输电缆长度/m	15.24	1219.2	1219.2
最大传输速率/(Mb/s)	0.02	10	10
最大驱动输出电压/V	$-25\sim+25$	$-0.25\sim+6$	$-7\sim+12$
驱动器输出信号电平 (负载最小值,V)	$-5\sim+5$ $-15\sim+15$	$-2.0\sim+2.0$	$-1.5\sim+1.5$
驱动器输出信号电平 (空载最大值,V)	$-25\sim+25$	$-6\sim+6$	$-6\sim+6$
驱动器负载阻抗/kΨ	$3\sim7$	0.1`	0.054
接收器输入电压范围/V	$-15\sim+15$	$-10\sim+10$	$-7\sim+12$
接收器输入门限/V	$-3\sim+3$	$-0.2\sim+0.2$	$-0.2\sim+0.2$
接收器输入电阻/kΨ	$3\sim7$	$\geqslant4$	$\geqslant12$
驱动器共模电压/V		$-3\sim+3$	$-1\sim+3$
接收器共模电压/V		$-7\sim+7$	$-7\sim+12$

RS-485 接口是平衡驱动器和差分接收器的组合,它使用一对双绞线,如图 7-1 所示。通常情况下,逻辑"1"以两线间的电压差为正(2~6 V)表示;逻辑"0"以两线间的电压差为负(-6~-2 V)表示。还有一"使能"端,用于控制驱动器与传输线的切断与连接。当"使能"端

起作用时,驱动器处于高阻状态。接收器与驱动器通过平衡双绞线 A、B 相连,在收端 A、B 之间有大于+200 mV 的电平时,输出正逻辑电平;A、B 间的电平小于-200 mV 时,输出负逻辑电平。接收器接收平衡线上的电平范围通常在 0.2～6 V,如图 7-1 所示。

RS-485 总线的负载能力和通信电缆长度之间的关系非常重要,在设计 RS-485 总线组成的网络配置(总线长度和带负载个数)时,应该考虑到三个参数:纯阻性负载、信号衰减和噪声容限。RS-485 总线接收器的噪声容限至少应该大于 200 mV。总线带负载的多少和通信电缆长度之间的关系如下

$$V_e = 0.8(V_d - V_1 - V_n - V_b) \tag{7-1-1}$$

式中,V_e 为总线末端的信号电压(参考值为 0.2 V);V_d 为驱动器的输出电压(负载数在 5～35 个时,$V_d = 2.4$ V;当负载数小于 5 时,$V_d = 2.5$ V;当负载数大于 35 时,$V_d \leq 2.3$ V);V_1 为信号在总线传输过程中的损耗;V_n 为噪声容限(参考值为 0.1 V);V_b 是偏置电压(典型值为 0.4 V)。系数 0.8 是为了使通信电缆不进入满载状态。

RS-485 的通信"瓶颈"主要体现在通信利用率、长距离的传输易受到外界干扰,造成传输数据的失真以及数据通信的可靠性等方面。在实际应用中,RS-485 总线多采用半双工通信(Half-duplex Communication)。这种通信方式决定了在同一时刻里,信息数据信号只有一个传输方向。为了避免通信冲突,提高数据传输的可靠性,通常采用设定循环定时主从传输方式,即主机发送时,从机侦听,仅仅在主机空闲时,从机才开始向主机发送控制字或命令字,从而实现上位机和下位机之间的通信。虽然主从方式控制比常规全双工通信复杂,但由于RS-485可以在单组双绞线实现主从通信,甚至最大 1 主机、32 从机的通信,在工业控制通信中,RS-485 已广泛应用,并被证明可靠。

7.2 RS-485 长距离传输的抗干扰设计

在长距离数据传输中,数据损坏失真及丢失是 RS-485 通信系统中常见的问题,通常原因是阻抗不平衡或电缆的屏蔽保护和接地不够充分导致的传输线效应。RS-485 光纤通信通常采用带屏蔽保护的双绞线。传输线效应的发生通常有两个原因:①电缆的质量不好;②不合适或不匹配的终端。双绞线的特定阻抗范围一般在 100～120 Ω。大部分最终信号反射或者信号轮廓失真的原因伴随着电缆长度,电缆线上的特定阻抗不均匀。长距离的光纤电缆信号传输更容易产生类似的问题。

7.2.1 传输电缆的选择和接地处理

1)RS-485 传输线的选择及匹配

RS-485 总线网络一般要使用终接电阻匹配。但在短距离与低速下可以不考虑终端匹配。一般终端匹配采用终接电阻方法,RS-485 在总线电缆的开始和末端都需并接终接电阻。终接电阻一般在 RS-485 网络中取 120 Ω。相当于电缆特性阻抗的电阻,因为大多数双绞线电缆特性阻抗在 100～120 Ω。这种匹配方法简单有效,但有一个缺点,匹配电阻要消耗较大功率,对于功耗限制比较严格的系统不太适合(朱烈光,2010)。

由于电缆自身材料特性和双绞线中每单位长度的阻抗、容抗的不均匀性,电缆差异可能引发传输数据的波形失真。伴随着光纤电缆的长度增加,发生传输数据失真的风险也越大。因

此,提高双绞电缆的质量,减少不均匀的阻抗产生,可以减少可能对传输信号的干扰。为了保障信号可以更好地传输,对于电缆自身方面,尽可能保证双绞电缆的均匀性和一致性,保障传输电缆中的阻抗一致,可以提高 RS-485 的抗干扰能力。为此,选择设计和定制了适合井下长距离传输的铠装井下电缆(图 7-2)。

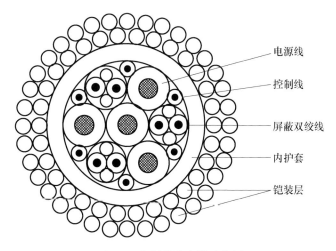

电源线
控制线
屏蔽双绞线
内护套
铠装层

图 7-2 定制铠装电缆示意图

井下铠装电缆内置 RS-485 通信电缆采用屏蔽双绞线,设计特性阻抗(120±15)Ω,直流电阻≤39.9 Ω/km,绝缘电阻≥500 MΩ·km,工作温度-20～+85 ℃。

2)RS-485 接地处理

RS-485 通信不能简单地用一对双绞线将两端连接起来,而忽略了信号地的连接,在一些场合通信没连接地线也可以使用,但通信会有很大的隐患,特别是在环境差的地方,比如井下设备如果地线不接,通信的可靠性就没法保证。不接地线主要会产生以下问题:①共模干扰问题,RS-485 是采用差分方式传递信号,系统只检测两线之间的电位差就可以了,RS-485 收发器共模电压范围是-7～+12 V,只有在正常范围内才能正常工作;②电磁干扰问题:发送驱动器输出信号中的共模部分需要一个返回通路,如果没有,就会以辐射的形式返回电源端,使总线形成一个电磁发射源。因此在设计中不但要考虑接地问题,还要注意信号的隔离和电路布局的隔离(杨娟,2008)。

7.2.2 RS-485 收发器件的选择

RS-485 通信系统的硬件电路需要合理设计,并选择合适的 RS-485 收发器件,以保证 RS-485 通信的可靠性。在目前市场上众多的 RS-485 芯片种类中选择时,应首先考虑满足 RS-485 通信的基本要求的芯片,如单/双工、最大传输速率、隔离、可驱动节点数等,自带故障保护技术、抗静电、防雷击功能等特性参数,同时还需要考虑芯片的传输可靠性。

基于多种因素的考虑,项目最终选择 ADM2687 作为井下甚宽频带地震仪的接口芯片。

7.2.3 RS-485 的防静电及防雷击保护

在信息传输中,减少信息所受到干扰尤为重要。由于复杂的工作环境中难以避免地会存在各种形式的干扰源,RS-485 总线的传输端更需要增加保护措施。

对于野外工作的井下地震仪系统,抗静电或防雷击能力是关键参数。抗静电能力可以保护系统避免模块在焊接、设备运输、使用时受到静电而损坏,而系统抗雷击能力可以降低系统在野外工作环境下的雷击损坏可能性。在井下甚宽频带地震仪内部,内置的陶瓷气体放电管、瞬态电压抑制二极管(TVS)、压敏电阻、自恢复保险丝等组成的多级避雷系统进一步提升了通信系统抗雷击的能力。

TVS 的作用原理是当管子两端经受瞬态能量冲击时能极快地将其两端的阻抗降低,将能量吸收掉从而把其两端间的电压钳制在其标称值上,保护后端元件。受半导体工艺限制,集成到 RS-485 芯片上的 TVS 很难做到大功率,在雷击到来时,瞬态能量可以损坏内置的 TVS,同时,瞬态电流产生的强磁场会使近距离的其他电路上感应出高电压,即形成所谓的反击,造成电路损坏。RS-485 芯片上集成 TVS 的主要功能是为了消除静电,但不能防雷击浪涌。TED-485防雷管为基础构建的初级和次级两级防雷电路,该电路可以实现对RS-485接口的整体防雷击和过压保护(杨娟,2008)。RS-485 防雷原理如图 7-3 所示,其中,Gas Tube

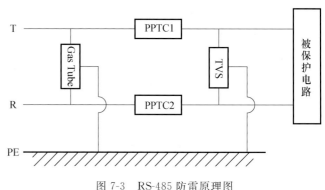

图 7-3　RS-485 防雷原理图

作一级保护,PPTC1、PPTC2 作前后级隔离和电流保护,TVS 作放电保护。此保护电路满足 IEC6100-4-5、ITU-T K20/K21 及 GB/T 9043—2008 的雷击浪涌抗扰度测试标准(吴向荣,2011)。

7.2.4　收发端与信号端的隔离保护

信号隔离器的原理是将变送器或仪表的信号,通过半导体器件调制转化,然后通过光感或磁感器件实现隔离转换,再实行解调转换回隔离前原信号,同时对隔离后信号的供电电源实行隔离处理,保证转换后的信号、电源、地之间绝对独立。同时对叠加在测量值上的干扰信号进行滤波,以及根据控制系统输入、输出要求对信号进行匹配,因此,隔离、放大、滤波和匹配是信号隔离器所起的作用。

ADM2687 采用 isoPower 技术实现电源的 DC-DC 隔离,采用 iCoupler 技术实现数字信号与传输信号、信号逻辑地与 RS-485 的传输地之间数字信号隔离,从而确保 RS-485 的通信端浮地,将传输信号端与仪器端的机壳浮置隔离,可以完全隔断接地环路,从而减弱环路电流的形成,抑制共模干扰的影响。

7.2.5　RS-485 传输和可靠性能力的提升

理论上,RS-485 传输速率越高,信号的衰减就越高,因此,在满足实际传输带宽需求的前提下,适当降低传输速率,可以进一步提升 RS-485 的传输能力并增强系统可靠性,井下地震仪,对于 6 通道数采,采用 19.2 kbps 可以满足 24 位 100 Hz 采样率的传输和控制要求。

7.2.6　2400 m 超长距离 RS-485 传输测试

根据项目需求,井下甚宽频带地震仪项目所需的 RS-485 信号传输距离为 2400 m。由于阻抗、分布电容对信号的干扰及衰减的影响,模拟电信号无法实现 2400 m 的长距离传输,只能采用 RS-485 数字信号传输。因此,项目组模拟实际通信条件。

图 7-4　2400 m 超长距离 RS-485 传输测试图

室内测试采用 12 捆×200 m 串接普通电话线(非双绞线),室外测试采用定制铠装2400 m 双绞通信电缆。经实践测试验证,在采用了长距离传输抗干扰设计的基础上,RS-485 传输能够突破标准 1200 m 传输距离的限定,实测能达到 2400 m 以上的距离可靠数据传输。

7.3　通信控制传输协议

目前,在我国数字地震台网,台站观测数据通过专线链接地震行业网或 3G/4G VPDN 无线链路传输到地震台网中心的数据处理系统进行分析处理。地震数据采集器的传输协议多遵循 TCP/IP 或 UDP/IP 协议,但是不同厂商采用了不同的通信协议和数据流格式。在传输模式上,多为地震台站配置固定网络地址,地震数据采集器端作为 TCP 服务端,由地震台网中心处理软件连接采集器获取实时数据流。在通信过程中登录信息多为明文传输,在数据安全方面并未多加考虑。由于设备传输协议多样性,地震数据处理系统需对不同设备针对性地研发数据汇集模块,例如目前中国地震台网使用的 JOPENS 系统、德国 GEOFON 台网开发的 SeisComp 系统、美国地质调查局的 Earthworm 等地震数据处理系统均为不同设备开发了相应的数据流接收模块。此种模式造成系统的复杂度高,扩展性低,在系统软件安装配置方面对用户的技术要求较高等弊端。

近年来,物联网和云计算技术迅速发展并广泛应用于各个行业。在中国地震局地震烈度与预警项目中已应用物联网 MQTT 协议进行地震预警信息推送、地震观测波形数据实时汇集与处理(陈阳 等,2020)。

7.3.1　网络通信

网络通信有两种模式,即 TCP/IP 模式和 UDP/IP 模式,以下分别介绍。

1)TCP/IP 通信

TCP/IP 服务器模式和客户机模式,服务器模式指以 CI 为服务器,PC 机作为终端向 CI 连接,而客户机模式则相反。

数采与 PC 机的网络通信方式中收发数通信程序流程图如图 7-5 所示。

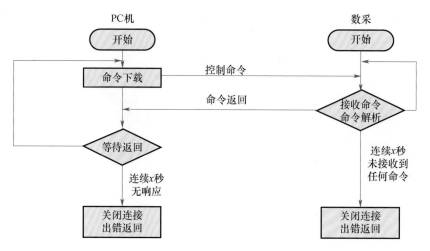

图 7-5　收发数通信程序框图

CI-TCP 服务器模式下的流程图如图 7-6 所示。

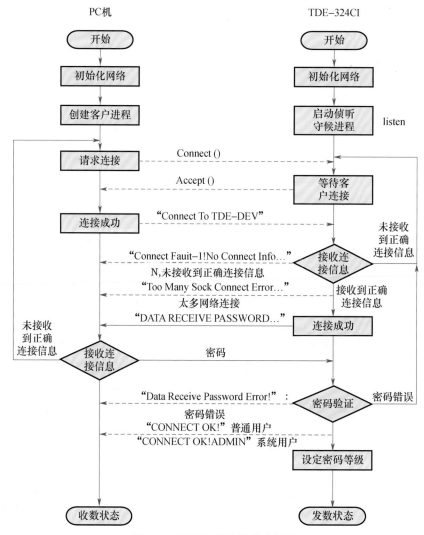

图 7-6　CI-TCP 服务器模式框图

CI 客户机模式下的流程图如图 7-7 所示。

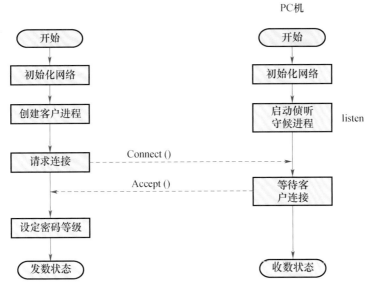

图 7-7　CI 客户机模式框图

2) UDP/IP 通信

UDP 服务器模式和客户机模式。服务器模式指以 CI 为服务器, PC 机作为终端向 CI 连接, 而客户机模式则相反。

CI-TCP 服务器模式下的流程图如 7-8 所示。

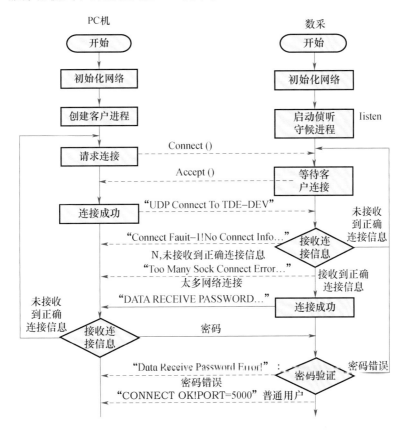

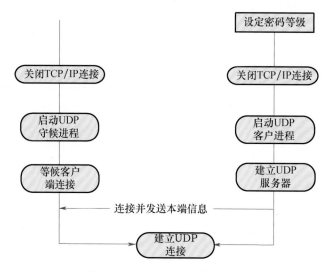

图 7-8　CI-TCP 服务器模式框图

CI 客户机同 TCP 基本相似，其流程图如图 7-9 所示。

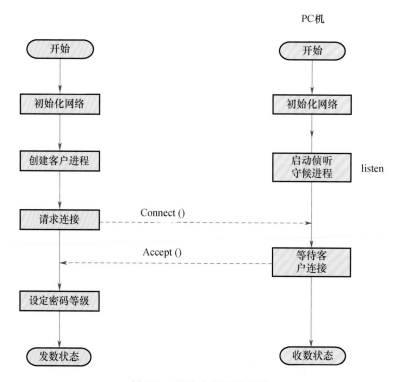

图 7-9　CI 客户机模式框图

收发数通信程序流程图如图 7-10 所示。

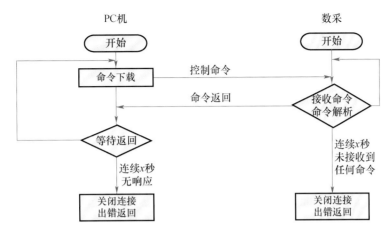

图 7-10 收发数通信程序框图

命令控制字

不论采用网络通信(TCP/IP 协议或 UDP 协议),还是采用串口协议,网络控制字的命令结构均完全相同,其格式如下所示。

命令控制字定义如下:

```
typedefstruct{
uint32 nDataCt;
uint16 nCmd;
// 命令类型
// = 0  休眠
// = 0x01 获取实时数据,  nDataCt  为实时数据的块号
// = 0x21 获取实时数据,  nDataCt  为实时数据的块号,但一次获取两块
// = 0x81 获取实时数据,  nDataCt  为实时数据的块号,但原顺序号不变
// 4227 以上版本
// = 0xA1 获取实时数据,  nDataCt  为实时数据的块号,一次获取两块
// 但原顺序号不变,4227 以上版本
// = 0x82 数据到达有效,保持本 IP 连接有效。4227 以上版本
// 0x81/0xA1/0x82 仅仅在 UDP 命令下有效
// = 2  获取采集器参数,nDataCt = 模式
//         nDataCt = 0  获取采集器主参数
//                 = 1  获取采集器 GPS 参数
//                 = 2  获取采集器 SINTABLE
//                 = 3  获取采集器 CF 卡参数
//                 = 0x13  获取采集器偏置及增益,后跟偏置及增益参
//                         数,共 256 字节,格式同 HIDEPAR
//                         其他错误信息
// = 3  设置采集器参数, nDataCt = 模式
//         nDataCt = 0  设置采集器主参数,后跟参数
```

```
//                      = 1    关闭采集器标定
//                      = 2    启动采集器标定零点
//                      - 3    启动采集器标定 Max +
//                      = 4    启动采集器标定 Min -
//                      = 5    启动采集器标定脉冲
//                      = 6    启动采集器标定正弦/仿真地震/伪随机
//                      = 7    采集器复位
//                      = 8    设置采集器正弦标定模式
//                      = 9    关闭采集器 GPS 钟
//                      = A    启动采集器 GPS 钟
//                      = B    启动采集器 Mass Centering
//                      = C    关闭采集器 Mass Centering
//                      = D    启动采集器 DA 供电
//                      = E    关闭采集器 DA 供电
//                      = F    启动采集器标定允许
//                      = 0x10   关闭采集器标定允许
//                      = 0x11   启动采集器 Mass Centering 一定长时间
//                      = 0x12   设置采集器按要求正弦标定
//                      = 0x13   设置采集器偏置及增益,后跟偏置及增益参
//                               数,共 256 字节,格式同 HIDEPAR
//                      = 0x14～0x19   TDA - 324CA 专用
//                      = 0x14   设置采集器 CDMA Power ON
//                      = 0x15   设置采集器 CDMA Power OFF
//                      = 0x16   设置采集器 Alarm1 ON
//                      = 0x17   设置采集器 Alarm1 OFF
//                      = 0x18   设置采集器 Alarm2 ON
//                      = 0x19   设置采集器 Alarm2 OFF
//                      = 0x1A   设置采集器在该时刻立即手动触发
//                      = 0x1B   设置采集器标定 去阻尼
//  = 4  获取硬盘数据,直接硬盘的扇区地址
//  = 5  获取硬盘数据,直接硬盘的 TRC 数据,无偏移
//  = 6  获取硬盘数据,直接硬盘的 EVT 数据,无偏移
//  = 7  获取硬盘数据,直接硬盘的 INFO 数据,无偏移
//  = 8  获取硬盘数据,TRC 数据,当前偏移
//  = 9  获取硬盘数据,EVT 数据,当前偏移
//  = A  获取硬盘数据,INFO 数据,当前偏移
//  = 0x11   CF 卡非实时数据,即事后补数
//  = 0x30   获取指定时间的 TRC 文件的目录扇区
//  = 0x31   获取指定时间的 EVT 文件的目录扇区
//  = 0x32   获取指定时间的 INFO 文件的目录扇区
//  = 0x40   CF 卡磁盘的目录扇区的操作,其中
//  = 0x0040   - - - -        系统格式化
//  = 0x0041   - - - -        修复系统记录目录区
//  = 0x0042   - - - -        修复系统触发目录区
```

```
//    = 0x0043   - - - -      修复系统 LOG 目录区
//    = 0x0044   - - - -      修复系统全部目录区
//    nDataCt = 0x5AA555AA;
//    = 0xFFFF   立即关闭连接模式
//    = 其他的响应均为错误信息
//      当密码为数据密码时,nCmd = 0/1 有效
//      当密码为参数密码时,nCmd = 0/1/2/3 有效
//    = 0x51   获取抽样的实时数据,nDataCt 为抽样数据的块号
//    = 0x61   获取抽样的实时数据,nDataCt 为抽样数据的块号,一次两块
//    = 0x52～ 0x55   命令仅对 6 通道 数据采集器有效
//    = 0x52   获取前三通道 实时数据,同 0x01
//    = 0x53   获取后三通道 实时数据,同 0x01
//    = 0x54   获取前三通道抽样的实时数据,同 0x51
//    = 0x55   获取后三通道抽样的实时数据,同 0x51
uint16 nChk;  //   按位加累加和等于零
} RCVPAR;
```

命令解析如下:
(1)休眠

PC   nCmd = 0, nDataCt 未使用。

CI   返回:"Readying..."

(2)获取实时数据

PC   nCmd = 1,nDataCt,获取连续数据包开始包的顺序号,0 则为最新一包

CI   返回数据包(MiniSTEIM2,见网络数据流接口),512 字节

PC   nCmd = 0x21,nDataCt,获取连续数据包开始的顺序号,0 则为最新一包

CI   返回 2 个数据包,512×2 字节

PC   nCmd = 0x81,nDataCt,获取单个数据包命令,不影响连续数据包的传输

CI   返回数据包,512 字节

PC   nCmd = 0xA1,nDataCt,获取 2 个数据包命令,不影响连续数据包的传输

CI   返回 2 个数据包,512×2 字节

PC   nCmd = 0x51,nDataCt,二次采样命令,获取连续数据包的起始包的顺序号

CI   返回数据包,512 字节

PC   nCmd = 0x61,nDataCt,二次采样命令,获取连续数据包的起始包的顺序号

CI   返回 2 个数据包,512×2 字节

(3) 获取参数(admin 模式有效)(详细内容可参看串口参数设置)

PC   nCmd = 2,nDataCt = 0 ,获取数据采集器参数

CI   返回数据采集器参数 SETPAR

PC   nCmd = 2,nDataCt = 1 ,获取数据 GPS 参数

CI   返回   GPS 参数 GPSPAS

PC   nCmd = 2,nDataCt = 2 ,获取数据 SINTABLE 参数

CI   返回   SINTABLE

PC   nCmd = 2,nDataCt = 3 ,获取数据 CF 参数

CI　返回　　CF 参数

以上中如权限不够,则返回"ERROR,PASSWORD has no authority to Process Parameter!!!"

（4）设置参数（admin 模式有效）

PC nCmd = 3,nDataCt 低 16 位 = 0 ,高 16 位 = sizeof(SETPAR)

设置数据主参数,后面紧跟 SETPAR

CI 成功返回:"Set System Par From Net OK and System Ready To ReBoot..." 否则:"Get PAR From Net Error!"

PC　 nCmd = 3,nDataCt 低 16 位　 = 8,高 16 位 = sizeof(SINTABLE) × SINNUM + 2

设置 SINTABLE 参数,后面紧跟 SINTABLE

CI　成功返回:"Set DA Sin Wave Par From Net OK and System Ready To ReBoot..."否则:"Get PAR From Net Error!"

PC　 nCmd = 3,nDataCt = 1 - 7/9 - 12 ,设置其他参数

CI　成功返回:"Set Par DA/GPSSW/MS From Net OK!"否则: "No This Par!"

以上中如权限不够,则返回

"ERROR,PASSWORD has no authority to Process Parameter!!!"

（5）获取 CF 卡数据

nCmd 的高 8 位为每次获取的扇区数量,如为 0,则扇区数为 1,如大于 32,则扇区数为 32

nCmd 的低 8 位为参数

nDataCt 为扇区地址

nCmd = 0x4 获取一包硬盘数据(512 字节 MiniSTEIM2),直接硬盘的扇区地址

nCmd = 0x0204 获取二包硬盘数据,直接硬盘的扇区地址

nCmd = 0x5 获取硬盘数据,直接硬盘的 TRC 数据,无偏移

nCmd = 0x0205 获取二包硬盘数据

nCmd = 0x6 获取硬盘数据,直接硬盘的 EVT 数据,无偏移

nCmd = 0x7 获取硬盘数据,直接硬盘的 INFO 数据,无偏移

nCmd = 0x8 获取硬盘数据,TRC 数据,当前偏移

nCmd = 0x9 获取硬盘数据,EVT 数据,当前偏移

nCmd = 0xA 获取硬盘数据,INFO 数据,当前偏移

nDataCt　数据偏移值

（6）关闭连接

PC　 nCmd = 0xFFFF,nDataCt 未使用

CI　返回:"Connect is Closed"

7.3.3　主参数数据结构

主参数设置几乎所有采集器的参数,主参数为 256 字节,各个不同版本参数稍有不同,参数定义如下:

```
typedefstruct {
uint32 CheckId;          //     ITU 系列    0xa55a55dd
uint32 IPAddr;           //     设备的 IP 地址
uint32 GateWay;          //     设备的网关地址
uint32 NetMask;          //     子网掩码
```

```
uint32 SvrAddr[4];        //    TCP 服务端 IP 地址
uint32 USvrAddr[4];       //    UDP 服务端 IP 地址
uint16 SvrPort[4];        //    TCP 服务端端口 IP 地址
uint16 USvrPort[4];       //    UDP 服务端端口 IP 地址
char StaName[4];          //    台站简称
char NetName[2];          //    NET 名称
char StaName_2[2];        //    台站简称 - 2
char SenName[4];          //    台站观测频带类型编号
uint8 StaType;            //    =  - -  0 测震 1 强震
uint8 ZipMode;            //    =  - -  0 网络数据为压缩数据,打包完成后发送
                          //    1 网络数据为每秒发送一次方式.
uint8 nUSvrNum;           //    =  UDP 服务端数量,4226 以上版本
char Pass1[8];            //    一级密码
char Pass2[8];            //    二级密码
uint32 PingAddr;          //    Ping 地址,4226 以上版本
uint32 r1;                //    保留数据,4226 以上版本
uint8 nSvrNum;            //    服务端数量
uint8 nLogSvrNum;         //    Log 服务端数量
uint16 DataPort;          //    数据服务端口,TCP/UDP 均采用本端口实现连接过程
uint16 ParPort;           //    参数服务端口
int8 nTimeZone;           //    时区
uint8 LedMode;            //    LED 显示模式
                          //    = 0  常灭
                          //    = 1  常亮
uint16 SideId;            //    SideId  台站编号
uint8 TraceSize;          //    Trace 文件占用尺寸  百分数
uint8 EventSize;          //    Event 文件占用尺寸  百分数
uint8 LogSize;            //    参数信息文件占用尺寸  百分数
uint8 ADRate;             //    ITU 此参数无意义
uint8 FilMode;            //    ITU 以上参数无效
uint8 ZeroMode;           //    零点滤波器模式
uint8 CommRate;           //    波特率
uint8 PulseEnable;        //    标定允许
uint8 PulseYear;          //    00～99
uint8 PulseMonth;         //    1～12
uint8 PulseDay;           //    1～31
uint8 PulseHour;          //    = 0～23
uint8 PulseMinute;        //    = 0～59
uint8 PulseSecond;        //    = 0～59
uint8 PulseAdd;           //    间隔时间 1～255
uint8 SinEnable;          //    0 - - - - - -   DISABLE
                          //    1 - - - - - -   ENABLE
uint8 SinMonth;           //    1～12
uint8 SinDay;             //    1～31
```

```
    uint8 SinHour;              //      0~23
    uint8 SinMinute;            //      0~59
    uint8 SinSecond;            //      0~59
    uint8 nChkNum;              //      生产编号
                                //      = 0         无生产人员编号
                                //      = 1~31      检验人员或生产人员编号
    uint8 GPSSWTm;              //      GPS 开关时间 单位:s
    uint8 MacAddr[6];           //      MAC 地址
    uint8 SinMSec;              //      ITU 此参数无意义
    uint8 TrigMode;             //      触发模式        = 0,长短时平均法
    uint8 TrigStep;             //      触发计算步长     = 2×TrigStep 秒
    uint8 TrigBefBlk;           //      触发前保存块数    //  最大 50 块
    uint8 TrigAftBlk;           //      触发结束后保存块数  //  最大 50 块
    uint16 TrigMaxBlk;          //      最多的触发块大小    //  默认 = 1024
    uint32 TrigLevel;           //      触发电平
                                //      长短时平均值时, = Level × 256
                                //      最大值法、最大差值时,展览模式 = Ct 值
    uint16 TraceBlk;            //      Trace 文件块大小,默认值为 1024
    uint16 EventBlk;            //      Event 文件块大小,默认值为 512
    uint16 LogBlk;             //      参数信息文件块大小,默认值为 16
    uint16 CFEnable;            //      bit0 ---- 1 允许 Trace 文件写  0  禁止
                                //      bit1 ---- 1 允许 Event 文件写  0  禁止
                                //      bit2 ---- 1 允许 Info  文件写 0  禁止
    int16 nMonPar0[5];          //      ITU 此参数无意义
    int16 nMonPar1[5];          //      ITU 此参数无意义
    uint8 nSN[8];               //      序列号     如  SN:20050101
    uint32 LogSvrAddr[4];       //      Log 服务端 IP 地址
    uint16 LogSvrPort[4];       //      Log 服务端 Port
    uint32 nSwitchTm;           //      网络连续无人响应时间开关 Mass Centering 时间
                                //      高 8 位 = 1 当网络 PING 无人响应时间超过 nSwitchTm/2
                                //      则复位开关 Mass Centering 10s,如仍然无人响应,下一个
                                //      nSwitchTm/2 同时复位采集器和复位开关 Mass Centering//  10s
    uint8 DigitalMode[4];       //      DigitalMode[0] ---- 外接采集器模式
    uint32 nRelease[4];         //      备用 16 字节,4223 以上版本
    uint32 nSum;                //      累加和为零
} SETPAR;
```

7.4 数据采集核心模块

数据采集核心模块作为地震仪的"大脑",具有数据采集、通信、控制、供电及环境监测等功能。拟采用高集成度、低功耗设计模式,保证功能完全满足地震仪技术指标的要求,实现地震仪长时间、高稳定性地进行地震精确测量。图 7-11 为拟采用的地震仪总控图。地震仪总控可

细分为系统主控、数据采集、环境监测、通信、控制、供电等。

系统总控采用 ARM 系统，并内置物理看门狗，数据采集采用 32 位 ADC 器件，具有动态范围大、谐波总失真小等特点。

环境监测模块实时对井下甚宽频地震仪三分量零位、供电电压、供电电流、仪器温度等环境参数进行监控，确保仪器在发生异常时及时报警和控制。考虑着陆器的通信协议为 1553B，系统总控将在保留原 RS232 通信模式的基础上，增加内置 1553B 协议模块，实现地面通信测试实验和着陆器收发信机的通信。

仪器控制包括：① 井下甚宽频地震仪 DA 标定控制，用来检测地震计是否处于正常工作状态；② 开解锁控制，用于地震仪在一起下放过程中的保护；③ 三分量调零控制，用于地震仪的零位调节，确保地震仪始终处于良好工作状态。

系统总控拟采用供电电源，并在内部将其 DC-DC 为 ±12VDC、5VDC、3.3VDC 等供电，正常工作时，标定、调零、解摆均处于关闭状态。

地面输出 IRIG 时间码，系统总控能直接接收该时间码实现高精度授时，授时精度能达到 μs 级精度。

地震仪的数据按要求通过 RS-485 实时传输至地面站，三通道微震实时观测数据采样率一般设定为 100 sps，包括环境监测辅助通道数据，带宽约 950 byte/s，每日数据量约 82 M；如设定为 200 sps，带宽约 1850 byte/s，每日数据量约 160 M。

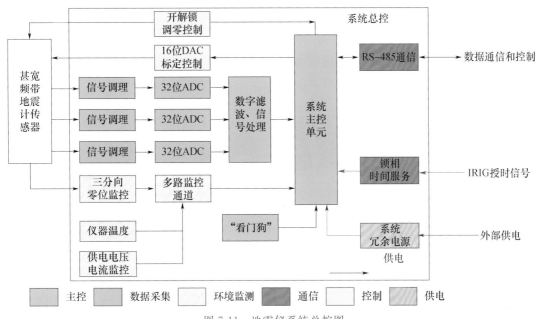

图 7-11　地震仪系统总控图

7.5　高精度授时模块

地震监测的时间服务非常关键，要求数据与时间必须一一对应，通常采用 GPS 授时技术，通过包含有时间信息的 GPS 数据和秒脉冲模拟信号，保证 GPS 授时/守时精度优于 1 ms。

常规的 GPS 授时由于 GPS 天线与 GPS 模块距离很近（通常位于一块电路板上），GPS 数据、秒脉冲信号以通用数字电平信号方式输入微处理器 MCU 处理。这种方式下,由于传输距离短,GPS 天线到模块之间传输的是高频的射频信号或常规电平信号,距离对信号传输的影响几乎可以不予考虑。

而井下设备,特别是深井设备,由于 GPS 天线在地表,授时仪器位于井底,GPS 信号在长距离传输条件下受到了严重衰减,导致无法正常授时。因此,长距离授时需选用其他的授时方式,以保证 2000 m 深井下的仪器授时。

数字 RS-485 授时方式可实现数据传输距离大于 2000 m,误差范围为 μs 级授时,授时原理框图如图 7-12 所示。

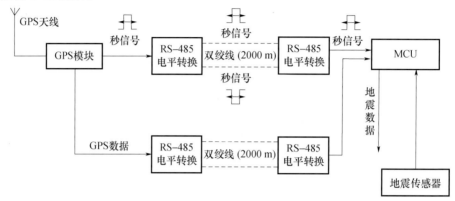

图 7-12　井下授时原理框图

深井综合地震观测设备在该传输模式下,具备以下几个优点。

(1)由于各模块采用各自的传输线缆,各综合设备模块之间无电信号连接,数字传输减少了模块之间的耦合,减少了信号之间的互扰,简化了设计,提高了系统可靠性。

(2)提高了传输线缆的传输容量,由于 4 芯(2 根电源线,1 对信号线)即可实现一套设备的传输,16 路信号线即可传输 4 套完全不相关的综合设备的数据,从而提高线缆的传输容量,为实现系统完全双备份提供了基础条件。

(3)数字信号抗干扰能力强,高速数据传输距离可达到 2000 m 以上,远远优于模拟传输的性能;数字信号的防雷击能力优于模拟信号,进而提高系统可靠性。

与常规的授时方式相比,该方式让秒脉冲锁相后精确定时的误差小于 1 ms,其延时不到 1 μs,图 7-13 为用数字示波器实测的两个脉冲的延时,完全能够满足地震监测的需要,而传统的授时方式无法做到这一点。

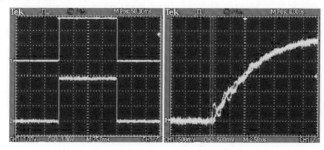

图 7-13　井下授时信号测试

1—黄色线条代表 GPS 模块输出的原始秒脉冲信号;2—蓝色线条代表 1000 m 传输后解调出来的秒脉冲信号;

3—横坐标代表时间,左图每格时间间隔为 25 ms,右图每格时间间隔为 2.5 μs;

4—纵坐标代表电压值,左图每格电压间隔为 1 V,右图每格电压间隔为 500 mV

7.6 数据接收和处理平台

数据接收和处理平台系统组成结构图如图 7-14 所示。

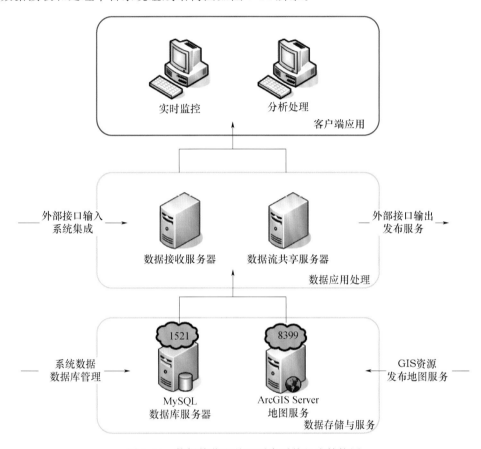

图 7-14 数据接收和处理平台系统组成结构图

7.6.1 数据接收平台

数据接收平台包含接收及控制功能,是一套专门针对井下甚宽频带地震仪研发应用的数据接收及控制管理软件系统。软件集成了对井下甚宽频带地震仪及相关辅助设备的总体控制、数据采集接收以及其他辅助测量及管理等核心功能。

数据接收及控制软件主要由数据接收模块、仪器控制模块、仪器状态监控模块、系统管理模块组成。

1) 数据接收模块

数据接收模块承担井下甚宽频带地震仪及相关辅助设备的所有数据的回收,包括实时数据、非实时数据;包括连续地脉动观测数据、触发事件数据、控制命令数据、状态监测数据、其他辅助测量数据等。接收实时数据实现实时数据接收模块,实现长期、连续、稳定记录和储存真实的长周期地震波、中长期地震波以及短周期地震波数据接受,因此,系统的实时性、稳定性是其最重要的特征。数据接收模块需要实现以下主要功能。

①实现连续 7×24 h 不间断采集接收井下甚宽频带地震仪及相关辅助设备的各种观测数据。

②实现串口和网络接收两种数据传输模式。

③网络接收具有 TCP/IP 及 UDP 两种传输协议。

④网络接收具有客户端及服务端两种数据接收方式。

⑤网络接收具有数据抽样传输、按帧格式传输、按 s/0.5 s/0.2 s 格式传输等多种数据传输方式。

⑥系统数据接收具有数据量大、数据种类多、延时要求小、实时性要求强、连续率高等特点，有针对性地规范设计数据传输的格式、协议、解压缩算法等核心功能，提高了系统的性能指标。

⑦具有断点续传功能。

⑧具有观测数据的回溯下载功能，通过网络连接上井下甚宽频带地震仪及相关辅助设备选择回溯下载任一时间段的观测数据(CF 卡内存记录时间段范围内)。

⑨支持多线程连接及操作。

2）仪器控制模块

仪器控制模块承担井下甚宽频带地震仪及相关辅助设备的所有控制以及管理功能，包括系统各项工作参数的管理、传感器的调零和标定、井锁的控制和姿态的调整、精准的定位和定向、矢量归算和坐标变换、精准的时间授时等。

①具有对井下甚宽频带地震仪及相关辅助设备的各项要作参数的远程下载、上传、修改、保存等管理功能，包括仪器的基础参数(台网代码、台站代码、仪器编号、采样率、抽样率、数据传输方式、GPS 开关、串口传输参数、人工及自动标定参数、信号处理参数等)、网络参数(IP 地址、网关、掩码、数据/命令/日志服务的端口、登录用户的权限、自检参数、数据存储参数、数据接收参数、网络授时参数等)、触发参数(触发数据存储参数、触发算法及参数等)。

②具有井下甚宽频带地震仪及相关辅助设备的远程调零以及标定功能。

③具有井下设备井锁装置的远程控制以及姿态调整功能。

④具有井下甚宽频带地震仪及相关辅助设备的远程精准定位和定向计算及控制管理并提供矢量归算、从标变换等功能。

⑤具有井下甚宽频带地震仪及相关辅助设备的远程精准授时服务及控制管理功能，包括 GPS 授时和网络授时。

⑥具有井下甚宽频带地震仪及相关辅助设备的远程自动检测功能。

⑦具有井下甚宽频带地震仪及相关辅助设备的远程各种开关控制功能。

⑧具有井下甚宽频带地震仪及相关辅助设备的远程信息采集功能，如下载参数、获取 GPS 状态信息、获取标定状态信息、数据储存状态信息、监测环境状态信息等。

3）仪器状态监控模块

仪器状态监控模块承担井下甚宽频带地震仪及相关辅助设备的运行状态的远程实时监控功能，包括连续观测数据状态、事件触发报警、仪器工作状态、监测环境状态等。

①具有实时接收并绘制连续观测数据波形，以图形和列表等方式进行展示，展示的信息包括实时传输的数据状态、数据包时间、网络传输质量、仪器的基本参数、数据包的大小、网络延时情况。

②具有在线远程回溯下载并绘制历史连续观测数据波形，以图形和列表的方式进行展示，

展示的信息包括连接的状态、CF 卡的存储状态、可供下载的数据信息状态、下载的进度状态、下载数据完整展示和统计结果展示等。

③具有以图形和列表的方式展示 GPS 状态、监测环境状态(温度、电压、零点等)、数据储存状态、AD 状态(各通道观测的实时电压值、电流值、RMS 值、dB 值)、网络状态、系统资源使用状态、服务器状态等。

④在实时接收数据的同时,具有对实时连续观测数据的自动事件触发检测并报警功能,包括触发参数的配置、触发算法的研究和实现、自动和被动触发事件数据的截取、触发报警(事件触发报警、断数据报警、系统异常报警、状态异常报警等)、报警通知(报警器、短信、网络等)。

4)系统管理模块

系统管理模块承担整个数据接收及控制软件的系统参数的综合管理功能。

①具有系统权限管理功能。

②具有系统界面显示的各种参数管理功能。

③具有系统接收参数管理功能,包括数据接收储存参数、接收参数等。

④具有系统实时监测及触发参数的管理,包括事件触发参数、监测值异常阈值、台站位置参数等。

⑤具有系统的日志管理功能。

7.6.2 数据处理平台

数据处理软件是一套专门针对井下甚宽频带地震仪研发应用的专业数据处理软件系统,软件集成了所有应用于井下甚宽频带地震仪及相关辅助设备的数据处理功能。数据处理软件主要由数据存取模块、数据基础处理模块、数据格式转换模块、数据共享模块组成。

1)数据存取模块

数据存取模块(图 7-15)承担井下甚宽频带地震仪及相关辅助设备的各种观测及监测数据的存取功能,包括连续观测数据存取、事件数据存取、监测数据存取、标定数据存取、结果参数数据存取等。

图 7-15　数据存取模块操作界面

①具有连续观测数据的文件、数据库储存格式的设计和应用,以便查询处理。

②具有事件数据的文件、数据库储存格式的设计和应用,以便查询处理。

③具有监测数据的文件、数据库储存格式的设计和应用,以便查询处理。

④具有标定数据的文件、数据库储存格式的设计和应用,以便查询处理。

⑤具有结果参数数据的文件、数据库储存格式的设计和应用,以便查询处理。

2）数据基础处理模块

数据基础处理模块(图7-16)承担对井下甚宽频带地震仪及相关辅助设备的各种观测及监测数据的管理功能,包括数据的加载、数据波形的绘制展示、数据的基本显示操作(放大、缩小、拉伸、区域选择、量程显示等)、数据的基本处理(波形的截取、剪切、复制、保存等)、报表的生成、信息的发布、自动计算等。

①具有数据的加载功能,包括连续观测数据、事件数据、监测数据等;数据格式包括文件格式、数据库格式。

②具有加载后数据的基本显示操作功能,包括放大、缩小、拉伸、区域选择、参数设置、显示模式设置、震相显示设置、数据信息等。

③具有加载后数据的基本处理功能,包括数据的截取、剪切、复制、保存、另存为、合并、重新加载等。

④具有加载后数据的打印、报表、统计、发布等辅助功能。

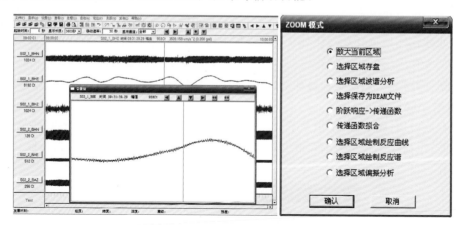

图 7-16　数据基础处理操作界面

3）数据格式转换模块

数据格式转换模块(图7-17)承担井下甚宽频带地震仪及相关辅助设备的各种观测及监测数据向行业各专业数据格式之间的转换,以提高系统的兼容性。

①具有数据与Seed、Mini-SEED格式之间的互转换功能。

②具有数据与SAC格式之间的互转换功能。

③具有数据与ASC格式之间的互转换功能。

④具有数据与其他专业格式之间的互转换功能。

⑤具有单个数据文件或多个数据文件的批处理功能。

4）数据共享模块

数据共享模块(图7-18)承担井下甚宽频带地震仪及相关辅助设备的各种观测及监测数据向外界提供标准的数据共享接口功能,包括静态文件交换、实时数据流交换。

①具有连续观测数据、事件数据、结果数据的行业标准格式的静态文件交换功能。

②具有连续观测数据的实时数据流的转发共享功能（基于 LISS 协议）。

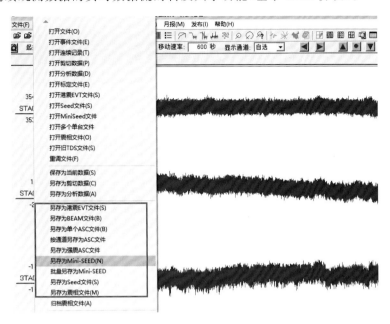

图 7-17　数据格式转换操作界面

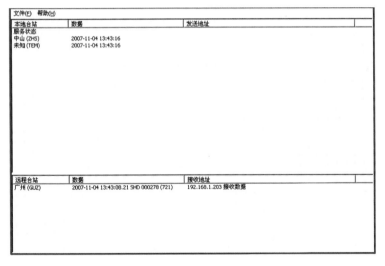

图 7-18　数据共享操作界面

第 8 章
井下地震仪可靠性设计与测试

可靠性问题最早由美国军用航空部门提出。1939 年,美国航空委员会出版的《适航性统计学注释》一书中,首次提出飞机故障率不应超过 0.00001 次/h,相当于 1 h 内飞机的可靠度 $R_s = 0.99999$,可以认为这是最早的飞机安全性和可靠性定量指标。日本于 1952 年从美国引进可靠性技术,主要注重民用产品的可靠性研究,强调实用,从而促进了机电产品可靠性水平的提高,带来了巨大的经济效益和社会效益。我国从二十世纪六十年代起,首先在国防部门和电子工业部门开始进行可靠性研究,继而在机械工业等部门推广应用(潘勇 等,2015)。

1980 年以后,可靠性工程向着更深、更广的方向发展。从元件的可靠性研究发展到了系统的可靠性研究,形成了以 FMEA、FMECA、FTA 等为标志的一套较完整的系统可靠性分析与设计理论和方法。进入 21 世纪以后,与产品可靠性相关的产品维修性、测试性和综合保障技术也越来越受到重视并得到发展,出现了以可靠性为核心的维修理论(RCM);可分别对产品电器系统和非电器系统进行状态监控和检测的 BIT 及 HAMP 系统;以保证产品质量、降低成本和提高营运效益为目标的产品健康监控技术等。

随着可靠性技术的发展和推广,近年来在地震仪研制中也开始应用可靠性设计理论。本章在介绍可靠性设计理论的基础上,对井下地震仪的可靠性进行了分析,重点介绍了井下地震仪可靠性测试实施的建设和测试方案的论证。

8.1 可靠性设计

8.1.1 可靠性设计概述

可靠性设计(Design for Reliability,DfR)是指为了满足可靠性定性和定量要求,根据可靠性理论与方法,结合以往产品的设计经验和教训、利于成熟的可靠性设计技术,使产品零部件以及整机的设计满足或达到可靠性指标的过程。可靠性设计包括系统可靠性设计、电路可靠性设计、结构可靠性设计、机械可靠性设计及软件可靠性设计。可靠性项目的关键流程通常包括识别、设计、分析、验证、确认、监控等阶段(谢少锋 等,2015)。各阶段可靠性工作的内容如图 8-1 所示。

地震仪是一个结构庞大、内部机理比较复杂的子系统。一台井下地震仪的内部电子元件个数多达 3 万个以上,各类连接点、插接件的连接点及焊接点的个数达 10 万个(吕中育 等,1990)。在这样复杂的系统中,每个元件的故障都可能会引起整个系统的故障。因而,这就要求仪器的设计者对系统所使用的元器件、原材料和加工工艺提出严格的要求,同时还应合理地考虑系统的辅助设计,只有这样才能研制生产出可靠性好的仪器来。井下地震仪的可靠性是指仪器随着时间的变化保持自身工作能力的性能。这是一种综合性能,从概念上讲包括了仪器无故障性和仪器耐久性这两种情况。仪器的无故障性是指仪器在某一时间内(或某一段实际工作时间内)连续不断地保持其工作能力的性能,仪器的耐久性是指仪器在达到极限状态之前保持其工作能力的性能,即在整个使用期间内和规定的维护保养及修理制度条件下仪器保持工作能力的性能。

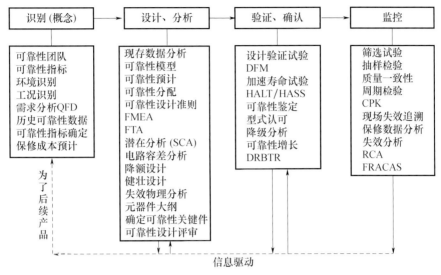

图 8-1 各阶段的可靠性工作内容框图

8.1.2 井下地震仪可靠性分析

按标准的定义,产品的可靠性就是在规定的条件下、在规定的时间内产品完成规定功能的能力(谢少锋 等,2015)。产品可靠性定义包括规定的条件(环境条件、工作条件,也包括操作技术和维修方法等条件)、规定的时间、规定的任务和功能及具体的可靠性指标。

对于井下甚宽频带地震仪,按上述要素,其可靠性定义为:在井斜 5°、压力 20 MPa、温度 70 ℃ 井下工作环境下,24 h 连续完整记录频带 120 s~50 Hz 的三分向振动信号的能力。将表征整机可靠性的平均故障间隔时间(MTBF)作为具体的可靠性指标。

$$\text{MTBF} = \frac{1}{\sum\limits_{i=1}^{N} n_i} \sum_{i=1}^{N} \sum_{j=1}^{n_i} t_{ij} \tag{8-1-1}$$

式(8-1-1)中,t_{ij} 为第 i 个产品从 $j-1$ 次故障到第 j 次故障工作时间;n_i 为第 i 个产品的故障数;N 为测试产品的总数。MTBF 也可用式(8-1-2)进行计算

$$\text{MTBF} = \frac{\text{外场工作总时长}}{\text{故障数}} \tag{8-1-2}$$

产品的可靠度 R 与产品的 MTBF 关系可用式(8-1-3)表示

$$R = e^{-\frac{t}{\text{MTBF}}} \tag{8-1-3}$$

对于每天 24 h 连续运行的井下地震仪,若要求其无故障工作的可靠度达到 99% 以上,由(8-1-3)可知,地震仪的 MTBF 必须大于 4500 h。因此,井下宽频带地震仪 MTBF 考核指标设计为 5000 h。也就是说,若地震仪 MTBF 达到 5000 h,则可靠度 $R = e^{-\frac{24}{5000}} = e^{-0.0048} = 99.76\%$。

产品在完成设计改进、准备批量生产之前,原则上需要通过部分样机进行实验室来评价产品的 MTBF,再确定是否批量生产。而实际上,由于新产品在推出时间上的需要,不可能进行长时间的 MTBF 试验(陈鹏,2012)。对于生产数量及有限的产品(比如部分军工产品),不可

能抽取过多的试验样品进行 MTBF 试验,这样通过极少样品评价出的 MTBF,其可信度是个大问题(秦英孝,2002)。

同时,由于实验室试验条件的单一性和产品在外场使用条件的多样性,实验室试验的真实性与产品的外场使用会有较大的差异。井下宽频带地震仪真实的 MTBF 拟通过室内建立高温高压试验平台和场外建立试验观测井的方式予以测试。

8.2 可靠性试验实施建设

可靠性试验既是检验产品可靠性水平的重要手段,也是发现产品可靠性问题的重要手段。我国可靠性技术的发展和应用从可靠性试验开始起步,逐步推广到可靠性设计分析和可靠性系统工程。自二十世纪八十年代我国民用和军用电子工业应用可靠性试验技术验证和提高产品可靠性以来,可靠性试验技术逐步得到大范围的推广和应用,到二十世纪九十年代形成了一套相应的可靠性试验技术标准,可靠性试验方法逐步得到完善和规范,包括环境应力筛选、可靠性增长试验、可靠性鉴定和验收试验。

可靠性试验是通过施加典型环境应力和工作载荷的方式,用于剔除产品早期缺陷、增长或测试产品可靠性水平、检验产品可靠性性指标、评估产品寿命指标的一种有限手段(胡湘洪 等,2015)。

井下地震仪可靠性测试采取实验室测试和外场测试相结合的方式。为此,将建设场外试验观测井 1 口;地下观测实验室 1 间;高温高压试验平台 1 个。

8.2.1 试验观测井建设

试验观测井(图 8-2)建设时间为 2016 年 11—12 月。观测井基本参数如表 8-1 所示,井孔地质综合柱状图如图 8-3 所示,井孔不同深度岩心照如图 8-4 所示,观测井止水效果和井斜测量见图 8-5。

表 8-1　珠海泰德试验观测井基本参数表

钻井时间	2016 年 11—12 月	开孔孔径/mm	173.0
井位地址	珠海泰德公司	终井孔径/mm	150.0
基岩类型	黑云母花岗岩	终孔井深/m	110.3
覆盖层厚度/m	32.0	裸井总长/m	56.5
静止水位/m	3.4	套管长度/m	53.8
最大井斜/°	1.8	套管规格/mm	DZ40∅168×6.5

图 8-2　建成后的试验观测井

井下甚宽频带地震仪项目试验观测井
井孔结构、地质综合柱状图

钻孔编号	DZK1	地理坐标	东经		钻孔深度	110.25 m		开孔日期	20161026
孔口标高	1.2 m		北纬		静止水位	3.4 m		终孔日期	20161123

时代成因	层底标高/m	层底深度/m	分层厚度/m	分层编号	井孔结构 1:600 ←171 mm→	地质柱状图 1:600	地质简述	采岩石样编号及深度/m	备注
Q^{mc}	5	5	1	Ø168 mm 无缝地质钢套管 长54 m	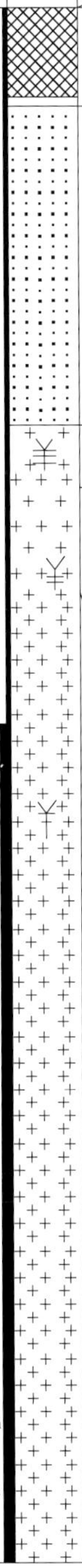	人工土：暗黄色，稍湿，欠压实。主要由黏土组成。在1.6~2.5 m填进花岗岩块石		
		32	27	2—1			第四系松散覆盖层：上层为可塑黏土，中间为中粗砂层，下层为砂质黏土。黄色、黄白色，稍湿，可塑~硬塑		
		36	4	3—1			强风化花岗岩：灰黄色、黄褐色，岩芯呈块状		
		45	9	3—2			中风化混合花岗岩：灰白色肉红色间黑点，岩质坚硬，岩芯多呈块状、少量短柱状。裂隙较发育，裂隙面可见铁质侵染		
					裸孔 Ø150mm 长56.49 m		微风化花岗岩：着色分浅经色间点状、团块状黑色和灰白色两种，岩质坚硬，岩芯多呈长柱状（约占30%）、短柱状（约占60%），少量块状。岩石受到过构造压应力作用的影响。部分层位裂隙发育，较破碎。其中47~48、57~62、75~78、97~98、107~109 m位置岩芯破碎，裂隙发育。裂隙主要有二组：其一，倾角45~55°，频率3~5条/m；其二，倾角80~90°，频率4~6条/m。孔深47~48 m段漏水，裂隙面可见擦痕，长石高岭土化，黑云母绿泥石化；孔深57.5~58.2 m处漏水，裂隙面有水侵蚀现象；97~98 m段裂隙面可见擦痕。本岩体主要由长石、石英和黑云母组成。不等粒结构（斑状结构），块状构造	岩样 88 m	
$\gamma_5^{3(1)}$		110.25	65.25	3—3					

图 8-3 井孔结构地质综合柱状图

图 8-4　井孔不同深度岩心照片

图 8-5　观测井止水效果和井斜测量

8.2.2 地下观测实验室建设

地下室型地震比测实验室建于 2017 年。地震比测实验室结构示意图如图 8-6 所示。施工过程如图 8-7～图 8-20 所示。建成后的比测实验室如图 8-21 和图 8-22 所示。

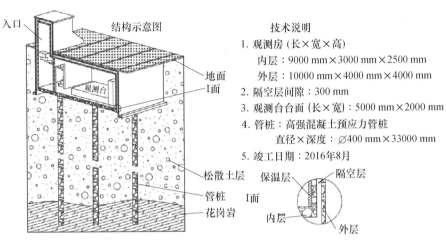

图 8-6 地震比测实验室结构示意图

技术说明
1. 观测房（长×宽×高）
　　内层：9000 mm×3000 mm×2500 mm
　　外层：10000 mm×4000 mm×4000 mm
2. 隔空层间隙：300 mm
3. 观测台台面（长×宽）：5000 mm×2000 mm
4. 管桩：高强混凝土预应力管桩
　　直径×深度：∅400 mm×33000 mm
5. 竣工日期：2016年8月

图 8-7 基坑土方开挖

图 8-8 开挖成型

图 8-9　钢板桩

图 8-10　外墙模板支护、钢筋捆扎

图 8-11　外墙混凝土浇捣

图 8-12　内层模板支护

图 8-13　内墙钢筋捆扎

图 8-14　内层混凝土浇捣

图 8-15　顶板支模

图 8-16　内顶浇筑

图 8-17　外层支模

图 8-18　外顶浇筑

图 8-19　外房修葺

图 8-20　外房保温

图 8-21　地下观测室完工照片

图 8-22　地下观测室内部照片（进行地震仪器测试）

8.2.3　高温高压试验平台

　　由于井下甚宽频带地震仪一般安装在最大地下 2000 m 基岩上，设备要承受 20 MPa 的水压，70 ℃ 以上的高温。所以，高温高压环境下的防水密封成为了一个必须解决的难题。为保障仪器在高温高压和大倾角条件下工作的可靠性，建立了用于井下宽频带地震仪可靠性测试的高温高压试验平台。高温高压罐结构如图 8-23～图 8-26 所示。性能指标见表 8-2。压力罐加工过程照见图 8-27～图 8-32。注水测试见图 8-33、图 8-34。

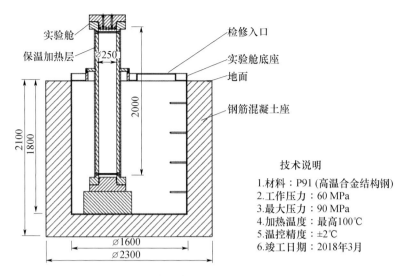

图 8-23 高温高压罐结构示意图(mm)

技术说明
1.材料：P91 (高温合金结构钢)
2.工作压力：60 MPa
3.最大压力：90 MPa
4.加热温度：最高100℃
5.温控精度：±2℃
6.竣工日期：2018年3月

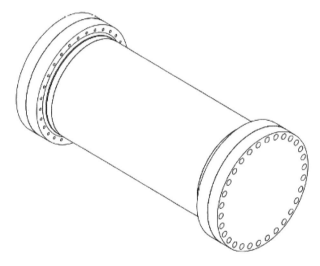

图 8-24 高温高压罐整体结构示意图

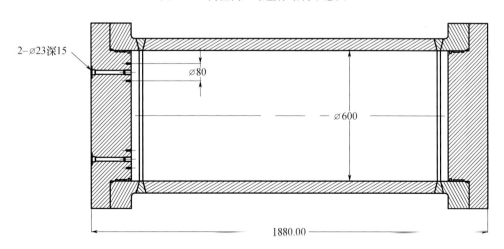

图 8-25 高温高压罐纵截面结构示意图(mm)

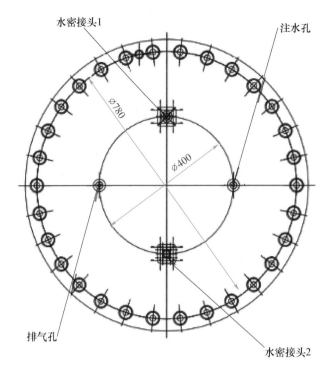

图 8-26　高温高压罐顶结构示意图（mm）

表 8-2　高温高压罐性能指标表

名称	参数要求
尺寸要求	$\varnothing$600 mm×800 mm
最大设计压力	100 MPa
最高温度	100 ℃
系统线缆接头	水密接头
加压接头	注水孔、排气孔

图 8-27　压力罐腔体与密封头喷漆前

图 8-28　压力罐体喷漆后

图 8-29　接头安装

图 8-30　高温高压罐体安装图（1）

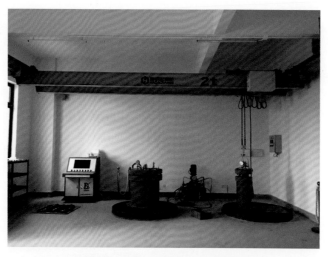

图 8-31　高温高压罐体安装图（2）

图 8-32　高温高压罐体安装图（3）

图 8-33　水压试验

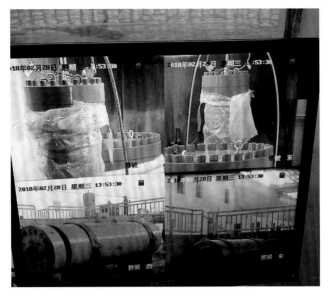

图 8-34　水压试验视频监控

8.3　井下甚宽频带地震仪测试方案

8.3.1　测试依据

(1)《地震观测仪器进网技术要求　地震仪》(DB/T 22—2020),中国地震局,2020。

(2)《井下地震计测试评估方案》,中国地震台网中心发布,2019。

(3)《测震台网专业设备入网检测规程》,中国地震局。

8.3.2　测试指标

井下甚宽频带地震仪测试指标如表 8-3 所示。

表 8-3　井下甚宽频带地震仪测试指标表

名称	测试指标值/状态
观测频带	120s～50 Hz
动态范围	145 dB
传感器外径	108 mm
系统灵敏度	2000 V·s/m
井底定向	内置陀螺定向,定向精度优于 2°
井底授时	地表 GPS 授时信号经数字传输至井底传感器实现井底授时,授时精度优于 1 ms
功耗	无内置数采<2 W;内置数采<3 W
供电范围	300 m 内 9～18 VDC;300 m 以上 36～72 VDC
传输模式	300 m 以内,拟信号传输;300～2000 m,数字信号传输

名称	测试指标值/状态
井底锁壁	地表遥控电机锁壁及解锁
内置数采	内置数采:分辨率24位;采样速率200 Hz
内置控制	程控锁摆;程控调零;内置标定
最大井斜	±5°
最大井深/压力	2000 m/20 MPa
最大工作温度	70 ℃

8.3.3 主要测试设备

(1) 低失真信号发生器:要求可产生正弦波、方波等波形。正弦波输出幅度5.0 μVpp～20.0 Vpp,频率范围0.001 Hz～200 kHz,失真度－100 dB(≤20 kHz)。

(2)可调直流电源:供电电压0～100 V可调,最大总电流输出＞5 A。

(3)数字示波器:要求带宽≥500 MHz,最大采样率≥2 G,模拟输入通道数≥2,数字输入通道≥8。

(4)数字多用表:要求电压测量范围为0～1000 V,读数精度±(3 ppm 读数＋0.2 ppm 量程)。

(5)倾斜台:台面直径≥150 mm,可倾斜角度0°～10°,载重≥100 kg。

(6)密闭性实验舱:舱体直径≥150 mm,舱体深度≥1500 mm,压力范围0～30 MPa可调。

(7)高低温试验箱:舱体直径≥150 mm,舱体深度≥1500 mm,温度范围－40～150 ℃可调,精度优于2 ℃。

(8)通用地震数据采集器:A/D 转换位数≥24 bit,±20 V 量程时零输入噪声＜3.3μV,输入通道≥3。

(9)地表标准寻北仪:寻北精度优于0.1°。

(10)标准时钟:能提供秒信号PPS、分信号PPM和时信号PPH,授时精度优于1 μs。

8.3.4 测试方法

1) 观测频带

使用标定线圈激励法测试(图 8-35)。被测地震计安放在稳固、振动干扰较小的平台上或地面上。被测地震计的校准装置驱动线圈串联电阻 R 后连接到可编程函数/任意波形发生器的输出端,串联电阻 R 用于控制测试电流。全部技术指标均应将测试设备和被测地震计预热30 min后开始测试,并测试全部观测分量(EW、NS、UD)。具体数据处理方法参见《测震台网专业设备入网检测规程》5.2.2、5.2.3,测试过程中可根据实际情况对串联电阻和测试频点值进行调整。

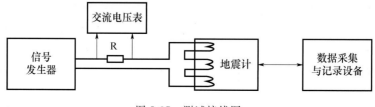

图 8-35 测试接线图

对于正弦信号测试,串联电阻可参考表 8-4 取值,按照表 8-5 列出的频点进行测试。测试信号幅度的选择以获得较大的信噪比为原则,使得被测地震计的输出峰值处于满量程的 10%～70% 范围内(一般为 50%)。使用数字多用表或交流电压表测量电阻 R 上的电压,使用地震数据采集器记录地震计的输出信号。

测试频带应包括 0.5 fL～1.6 fH,fL 和 fH 分别为被测地震计低频端和高频端标称 (−3 dB) 截止频率。在频带 2 fL～0.5 fH 范围内,可适当减少测试频点,例如,只测 10^n、2×10^n、5×10^n(n 为整数)频点。对于每个测试频点,需保证地震计进入稳态响应后,至少记录 1 min 的连续波形数据。当测试频率较低时,应适当延长记录时间,保证记录 3 个完整的振荡周期。

表 8-4 测试回路串联电阻 R 的参考取值

测试频带	0.001～0.02 Hz	0.01～0.2 Hz	0.1～2 Hz	1～100 Hz
串联电阻 R	100 kΩ	10 kΩ	1 kΩ	Ω

表 8-5 参考测试频点值 单位:Hz

0.00125	0.0016	0.002	0.0025	0.00315	0.004	0.005	0.0063	0.008	0.01
0.0125	0.016	0.02	0.025	0.0315	0.04	0.05	0.063	0.08	0.1
0.125	0.16	0.2	0.25	0.315	0.4	0.5	0.63	0.8	1
1.25	1.6	2	2.5	3.15	4	5	6.3	8	10
12.5	16	20	25	31.5	40	50	63	80	100

对于阶跃信号测试,串联电阻可参考表 8-6 取值,可编程函数/任意波形发生器输出方波信号的周期 ΔT 可参照表 8-6 设置。测试信号幅度的选择以获得较大的信噪比为原则,使得被测地震计的最大输出处于满量程的 10%～70%(一般为 50%),使用数据采集器记录地震计的输出信号(图 8-36)。

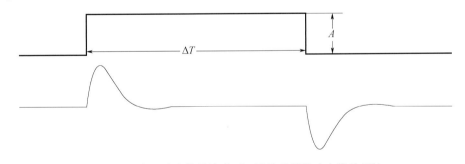

图 8-36 阶跃测试信号波形(上)及其地震计响应信号(下)

表 8-6 阶跃信号参数选择范围

	脉冲幅度 A	脉冲宽度 ΔT	串联电阻 R
甚宽频带地震计	5～50 μA	400～1200 s	50～200 kΩ

应用标定线圈激励法进行正弦信号测试,使用正弦信号测试结果并计算各频点的灵敏度,计算幅频误差。

应用标定线圈激励法进行阶跃信号测试。使用阶跃信号测试结果,计算低频端截止频率和低频端阻尼,至少记录和处理 6 个阶跃跳变沿(可选择 3 个上升沿和 3 个下降沿)对应的地震计响应数据,分别截取方波输入信号上升沿和下降沿对应的地震计响应数据段,计算和记录自振周期和阻尼系数的平均值作为测试结果。

2)动态范围

首先测试地震计的自噪声。具体参照《地震观测仪器进网技术要求 地震仪》(DB/T 22—2020)的附录 E——地震计噪声测试及计算方法。

使用满量程 A_m 和噪声有效值 A_N,按照式(8-3-1)计算动态范围:

$$DR = 20\lg A_m - 20\lg A_N - 3 \tag{8-3-1}$$

根据自噪声测试方法,需要在低噪声测震台站使用对比观测法进行测试。在具有观测山洞的测震台站使用对比观测法进行测试。观测环境的日温度变化小于 0.01 ℃,并采取保温措施。使用 Holcomb 方法或 Sleeman 方法计算地震计噪声功率谱。

可以看出,测试对环境的要求非常高,且测试过程比较复杂。井下地震仪,由于其特殊的外观(长管状),对夹具设计、保温设计提出了更高的要求,没有看到国内有过类似的比测方案。建议该指标的测试采用原先的深井实测数据,比如采用青海天骏深井项目井下安装的两套井下甚宽频带地震计的数据做分析,提供动态范围数据分析报告。

3)传感器外径

采用游标卡尺测量,精确到 0.1 mm。

4)系统灵敏度

使用标定线圈激励法测试。通过查阅文档中井下甚宽频带地震计各分向的校准常数,计算地震计各个分向的灵敏度。

5)井底定向

选取一个安静、平稳的测试场地,将井下寻北仪与地表标准寻北仪进行对照测试。重复 5 次实验,最终取误差平均值作为最后结果。

6)井底授时

使用标准时钟输出整分时刻的秒脉冲作为测试信号,连接到数据采集器的信号输入端,参见图 8-37。图中的电阻用于衰减输入信号,防止采集器输入端过载。

在数据采集器完成校时后,记录不少于 10 min 的采集数据。

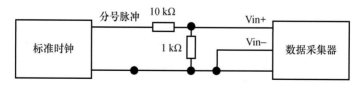

图 8-37 授时误差测试连接示意图

在 PC 微机上分析记录数据,找出整分时刻的秒脉冲起始点,读出该点的时间码,该时间码与整分时刻的(秒时间)偏差即为数据采集器的授时误差。

分析 10 个整分时刻的秒脉冲,读出 10 次时钟授时误差,选择其中最大钟差作为时间准确度的测试结果。

对数据采集器的每一种采样率(50 Hz、100 Hz、200 Hz)和每一种数字滤波器类型均进行测试,测试结果填入表 8-7 中。

表 8-7　授时同步误差测试结果

数采型号		测试时间		环境温度	
产品序列号		测试地点		环境湿度	
测试设备 1			测试设备 2		
测试设备 3			测试设备 4		
测试方法					
			授时误差/ms		
		数字滤波器类型 1	数字滤波器类型 2		······
采样率 1					
采样率 2					
采样率 3					
······					
备注			检验员		

7）功耗

使用可调直流电源供电，记录运行功耗和峰值功耗。

8）供电范围

使用可调直流电源供电。

对于 300 m 以内地震计探头，分别调整电源电压为 9 V 和 18 V，使用标定线圈激励法检查仪器是否可以正常工作。

对于 300 m 以上地震计探头，分别调整电源电压为 36 V 和 72 V，使用标定线圈激励法检查仪器是否可以正常工作。

9）传输模式

通过查阅说明书文档中的接口定义来查看，并与实物对照。

10）井底锁臂

通过文档与实物相结合进行实验认定。按照说明书的操作步骤，对井下地震计的开锁和锁止机构进行操作，并确认是否符合技术要求的规定（为内置时须具有线控或指令控制等遥控功能）。

11）内置数采

通过说明书中查看，并与实物对照（项目组提供井下采集器模块）。PC 机连接采集器，设置采样率为 200 Hz，检测设备是否正常工作。

12）内置控制

按照说明书的操作步骤，对井下地震计的摆锤开锁和锁止机构进行操作，在摆锤开锁和锁止时分别用标定线圈正弦信号激励法或者人工振动触发的方法，实验观察摆锤开锁和锁止的工作情况（锁止后应无仪器响应），并确认是否符合技术要求的规定（为内置时须具有线控或指令控制等遥控功能）。

通过文档与实物相结合进行实验认定，可使用倾斜台倾斜腔体，用电压表监视地震计输出的摆锤零位信号，并按照说明书的操作步骤，在倾斜后发送遥控指令，启动摆锤零位调整操作，同时用电压表继续监视地震计输出的摆锤零位信号，以此对摆锤零位输出及调整功能进行实验确认。

通过文档与实物相结合进行实验认定。通过设备说明书判断该井下地震计内部是否具有能够对摆锤施加测试力的动圈校准装置,并获得相应的校准常数和校准线圈内阻值。利用信号发生器向被测地震计的校准装置发送正弦信号和阶跃信号激励,观察井下地震计是否产生相应的响应,以此确认被测井下地震计的校准装置是否可正常工作。

13)最大井斜

用倾斜台,分别使地震计向两个水平向敏感轴方向偏离5°,在倾斜状态下应用标定线圈激励法进行阶跃信号测试,重新测试地震计的工作周期、工作阻尼和输出灵敏度。

14)最大井深(压力)

使用20 MPa的水压对井下地震计腔体进行压力试验,加压持续时间宜大于4 h,试验结束后检查密封筒及其密封连接器等部位是否存在渗水迹象,并使用标定线圈激励法检查仪器是否可以正常工作。(在水压试验过程中,一旦发现压力下降,应立即停止试验,泄压并检查密封情况)。

15)最大工作温度

将井下地震计放置在高低温试验箱中,加温至70 ℃,保温宜大于4 h,期间使用标定线圈激励法检查仪器是否可以正常工作。

第 9 章
实验观测与应用

2013—2015 年,中国地质调查局油气资源调查中心承担"祁连山冻土区天然气水合物长期观测基地建设"项目,在祁连山木里地区初步建成我国首个冻土区天然气水合物长期观测基地。观测基地位于青海省天峻县木里镇境内,现有包括实验室在内的活动房 20 余套,有自动气象观测站、600 m 深井井下测温系统、甲烷/二氧化碳(同位素)分析仪、测斜仪、沉降仪等监测仪器 7 台(套)。目前,已成功获取天然气水合物储层、冻土、气象、岩土工程等 5 类近 30 项关键参数,成为我国陆域天然气水合物勘查、试采技术研发和环境监测的重要基地。

2018 年 9 月,"井下甚宽频带地震仪的研制与应用开发"项目在基地 DK-8 观测井下安装了井下甚宽频带地震仪和地表甚宽频带地震仪进行了实验和应用。

本章将介绍"井下甚宽频带地震仪的研制与应用开发"项目研制的井下甚宽频带地震仪样机在"祁连山冻土区天然气水合物长期观测基地"和"湖南省益阳市赫山会龙山基准站"的实验观测情况。

9.1 祁连山天然气水合物长期观测基地的实验观测

9.1.1 基地基本情况

祁连山天然气水合物长期观测基地(图 9-1)位于青海省天峻县木里镇境内,地理坐标为 $38°5'34.74''N$、$99°10'16.18''E$,海拔 4060 m。

图 9-1 祁连山天然气水合物长期观测基地

基地建有 6 口实验井,安装观测设备有:①天然气水合物及其气体观测系统:甲烷/二氧化碳(同位素)分析仪、八通道廓线系统、甲烷/二氧化碳通量测量仪等;②冻土观测系统:井下测温系统 2 套,即 DK-9 孔 510 m 井下温度观测系统、DK-12 孔 600 m 井下温度观测系统;③环境观测系统:自动气象观测站、井下离子浓度传感器等;④地质灾害观测系统:测斜仪、沉降仪等(图 9-2)。

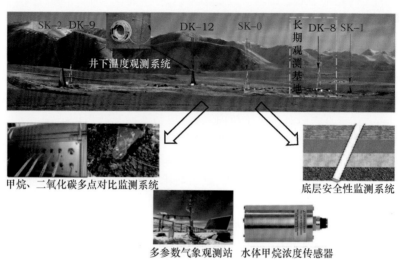

图 9-2　祁连山长期观测基地主要观测设施

2018 年 9 月,"井下甚宽频带地震仪的研制与应用开发"项目在基地 DK-8 观测井下安装了井下甚宽频带地震仪和地表甚宽频带地震计,进行了实验和应用。DK-8 钻井参数见表 9-1 和图 9-3。

表 9-1　DK-8 观测井参数表

孔号	深度/m	井斜/°	内径/mm	岩性情况	套管情况	备注
DK-8	330		152	表土未取芯,基岩岩性以油页岩、粉砂质泥岩为主,夹砂岩层	钢性套管下至 330 m	冻冰厚约 100 m

9.1.2　实验观测方案

由于冻土层内井下地球物理综合观测为国内首次,综合考虑现场井径、井斜、套管介质等技术条件及科学目标,制定如下的实验观测方案(图 9-3)。

①地球物理观测设备:井下甚宽频带地震仪、井下多层位温度梯度观测(14 个观测点)、井下多层位绝对压力/应力观测(5 个点),地表甚宽频带地震计观测,地表力平衡加速度计观测。

②在 DK-8 井内(地质钢管)安装 1 套井下甚宽频带地震仪(120 s～50 Hz),进行地震观测,安装位置为井底 334 m;并安装多层位绝对压力/应力观测,绝对压力/应力观测点 5 个,1 个在冻土层内,1 个在冻土层分界面位置,3 个在冻土层以下。5 个绝对应力观测传感器安装位置分别为 31 m、66 m、151 m、231 m、306 m。

③在 DK-8 井分别进行多层位温度梯度观测,以了解冻土层内部、分界面的温度场变化。温度梯度观测点 14 个,6 个在 0～65 m 冻土区内,1 个在 65 m 冻土层分界面,7 个在冻土区以下。绝对应力观测传感器的安装位置分别为 5 m、10 m、14 m、20 m、30 m、45 m、65 m、90 m、110 m、130 m、150 m、190 m、230 m、305 m。

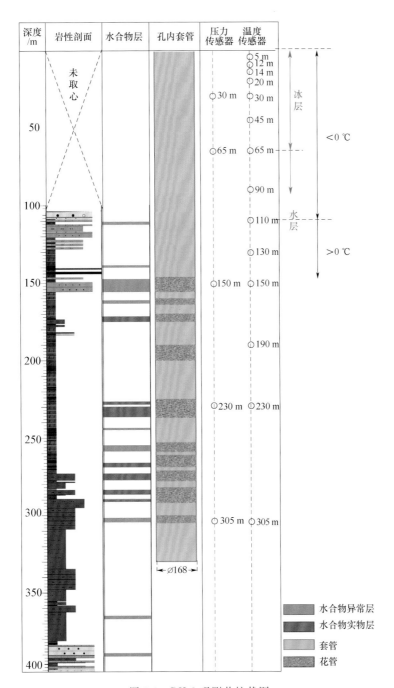

图 9-3　DK-8 观测井柱状图

④为对比观测,在现场安装了地表地震观测系统,其包含地表甚宽频带地震计 1 套、地表加速度计 1 套。地表地震观测系统采用简易地埋式(黑胶管)观测井,信号通过地埋钢管送至

观测房内。

⑤由于温度场、应力场观测线缆较细，在保持传感器一定距离的前提下，温度场、应力场传感器与井下甚宽频带地震仪相互影响不大，且为简化、方便操作，温度场、应力场观测线缆与井下甚宽带地震仪线缆捆绑在一起，同时下井。

9.1.3 系统集成与安装

1）系统集成

祁连山天然气水合物长期观测基地井下甚宽频带地震实验观测的系统集成框图如图9-4、图9-5所示。

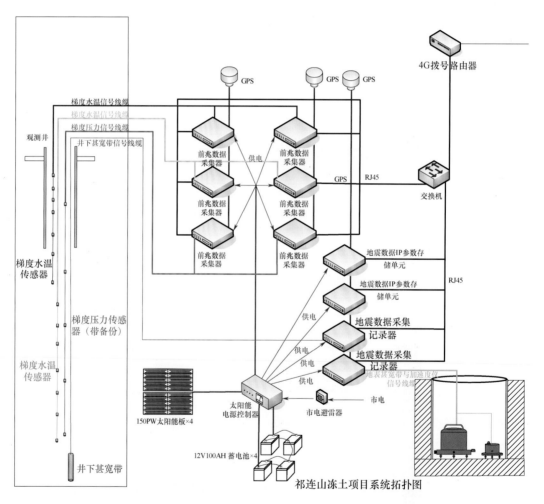

图9-4 井下甚宽频带地震实验观测网络拓扑图

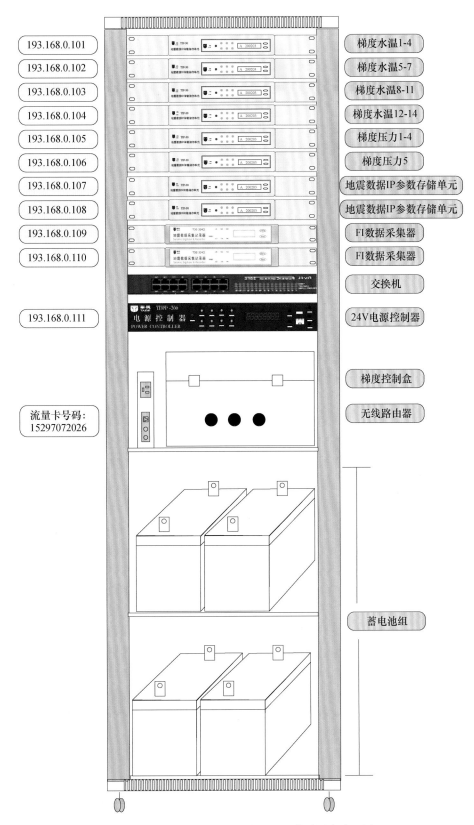

图 9-5　井下甚宽频带地震实验观测数采设备布置图

2）设备安装

（1）井下融冰

在设备安装前，首先需对井下进行融冰作业，融冰过程见图9-6。

图9-6　融冰作业图

（2）现场设备组装（图9-7）

图9-7　现场组装设备图

（3）安装井下地震仪（图 9-8）

图 9-8　安装井下地震仪图

9.1.4　地震仪标定

对井下甚宽频带地震仪和地表甚宽频带地震计分别进行标定。

1）井下甚宽频带地震仪标定

采集器类型：TDE-324CI，满量程输入范围±20 V；地震计类型：TBG-120VB，输出灵敏度 2000 V·s/m。正弦标定电流大小 1 mA，其标定波形如图 9-9 所示。幅频特性如图 9-10 所示。

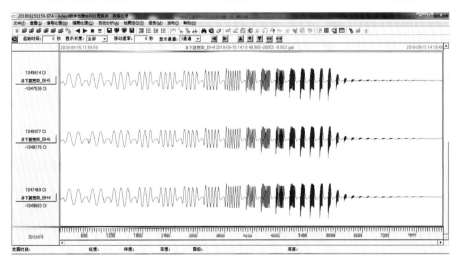

图 9-9　井下甚宽频带地震仪正弦标定数据界面

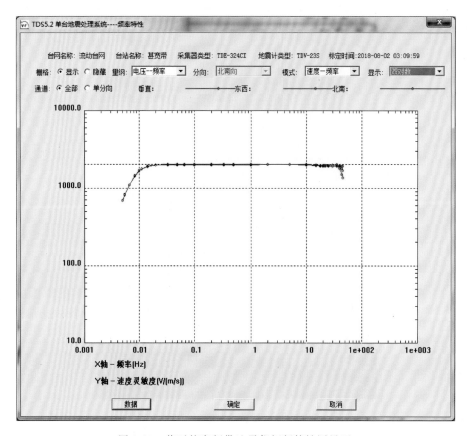

图 9-10　井下甚宽频带地震仪幅频特性图界面

2)地表甚宽频带地震计标定

采集器类型：TDE-324CI,满量程输入范围±20 V;地震计类型：TDV-120VB,输出灵敏度
2000 V·s/m。正弦标定电流大小 1 mA,其标定波形如图 9-11 所示。

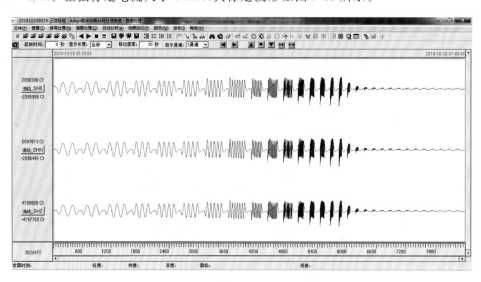

图 9-11　地表甚宽频带地震计正弦标定数据界面

幅频特性如图 9-12 所示。

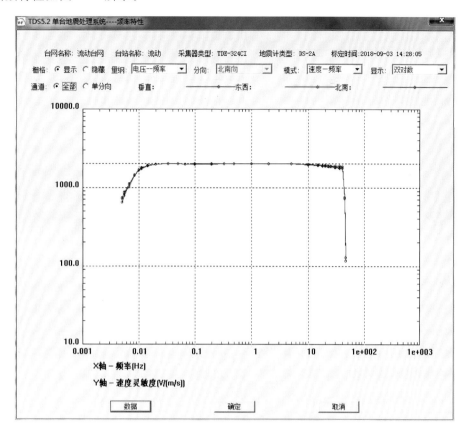

图 9-12　地表甚宽频带地震计幅频特性图界面

9.1.5　噪声测试

井下甚宽频带地震仪记录波形曲线如图 9-13 所示。通过计算,其噪声曲线如图 9-14 所示。

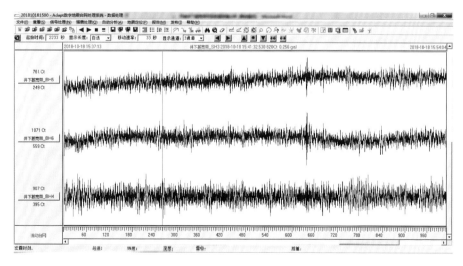

图 9-13　井下甚宽频带地震仪波形曲线图(长度 1011 s)界面

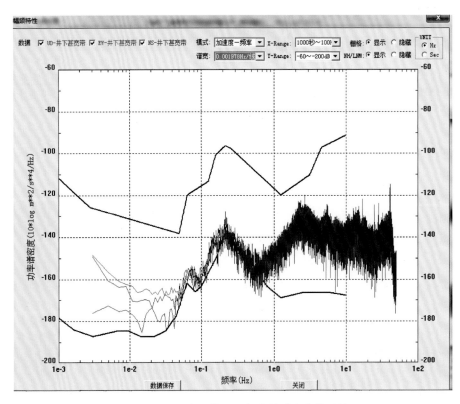

图 9-14　井下甚宽频带地震仪背景噪声曲线图界面

地表甚宽频带地震计记录波形曲线如图 9-15 所示。通过计算,其噪声曲线如图 9-16 所示。通过与地表甚宽频带地震计的对比,可以看出井下甚宽频带地震仪的噪声明显低于地表。

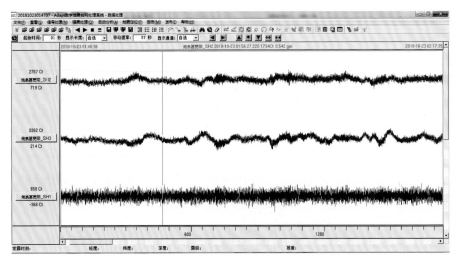

图 9-15　地表甚宽频带地震计波形曲线图界面

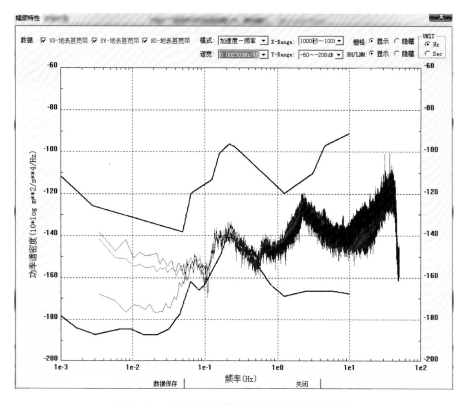

图 9-16　地表甚宽频带地震计噪声曲线图界面

9.1.6　地震事件记录

（1）中国甘肃酒泉市肃北县 3.6 级地震（图 9-17，图 9-18）。

发震时刻：2018-10-18 04：08：48；地点：39.49°N，95.30°E；震源深度：9 km。

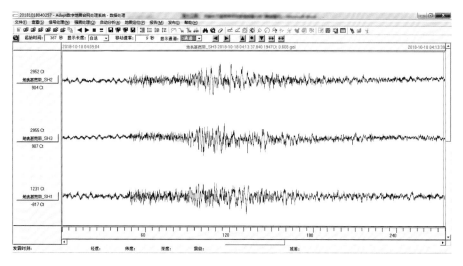

图 9-17　地表甚宽频带地震计记录波形图界面

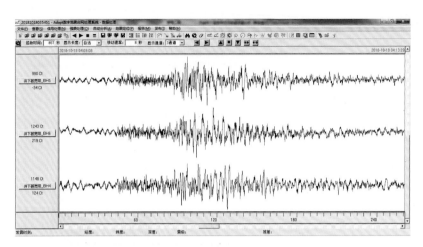

图 9-18　井下甚宽频带地震仪记录波形图界面

（2）中国西藏阿里地区日土县 5.1 级地震（图 9-19，图 9-20）

发震时刻：2018-09-28 05：13：22；地点：34.27°N，80.71°E；震源深度：6 km。

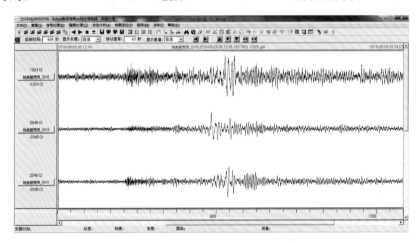

图 9-19　地表甚宽频带地震计记录波形图界面

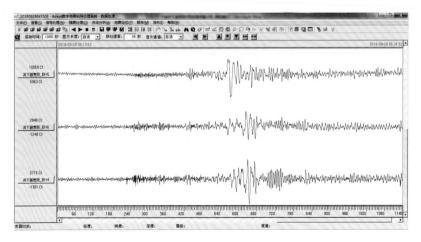

图 9-20　井下甚宽频带地震仪记录波形图界面

（3）印度尼西亚 7.4 级地震（图 9-21，图 9-22）

发震时刻：2018-09-28 18：02：44；地点：－0.25°，119.90°；震源深度：10 km。

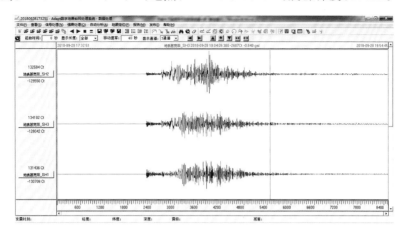

图 9-21　地表甚宽频带地震计记录波形图界面

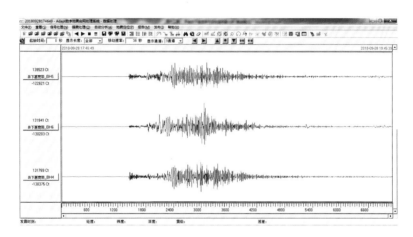

图 9-22　井下甚宽频带地震仪记录波形图界面

（4）中国陕西汉中市宁强县 5.3 级地震（图 9-23，图 9-24）

发震时刻：2018-09-12 19：06：34；地点：32.75°N，105.69°E；震源深度：11 km。

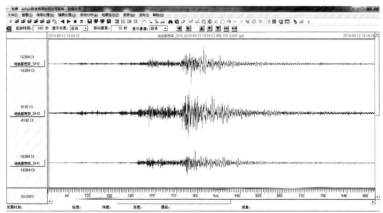

图 9-23　地表甚宽频带地震计记录波形图界面

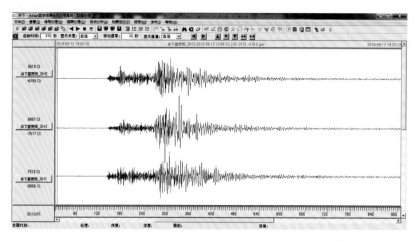

图 9-24　井下甚宽频带地震仪记录波形图界面

(5)中国台湾花莲县海域 6.0 级地震(图 9-25,图 9-26)

发震时刻:2018-10-23 12:34:57;地点:24.01°N,122.65°E;震源深度:30 km。

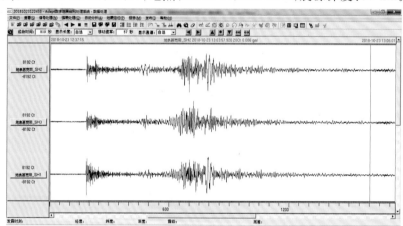

图 9-25　地表甚宽频带地震计记录波形图界面

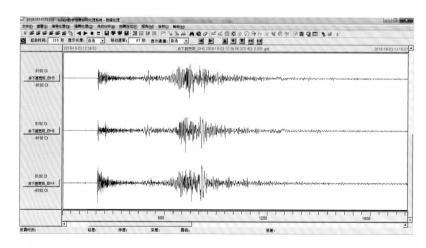

图 9-26　井下甚宽频带地震仪记录波形图界面

（6）加拿大温哥华岛附近海域 6.7、6.8 级地震（图 9-27，图 9-28）

发震时刻：2018-10-22 13：39：39；地点：49.20°，−129.50°；震源深度：10 km。

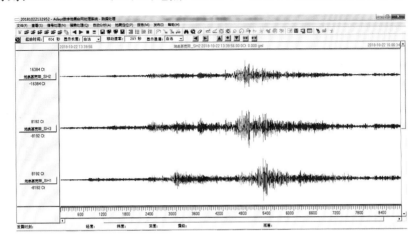

图 9-27　地表甚宽频带地震计记录波形图界面

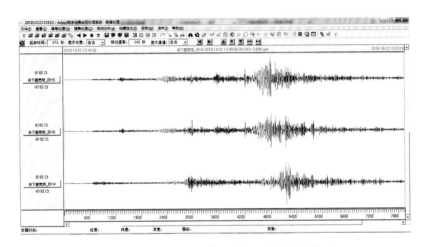

图 9-28　井下甚宽频带地震仪记录波形图界面

9.2　湖南省益阳市赫山会龙山基准站实验观测

2019 年 12 月，在湖南省益阳市赫山会龙山基准站观测井内，部署了井下甚宽频带地震仪，进行平均失效间隔时间测试。测试时间范围为 2020 年 1 月 1 日至 2020 年 12 月 31 日，累计连续时间 9312 h。期间地震仪工作正常，无故障间断，并清晰记录了 12 次地震事件。

（1）中国四川成都市青白江区 5.1 级地震

中国地震台网正式测定：2020 年 2 月 3 日 00 时 05 分在四川成都市青白江区（北纬 30.74°，东经 104.46°）发生 5.1 级地震，震源深度 21 km（图 9-29）。

（2）蒙古 5.9 级地震

中国地震台网正式测定：2020 年 3 月 20 日 11 时 03 分在蒙古（北纬 46.03°，东经 94.14°）发生 5.9 级地震，震源深度 10 km（图 9-30）。

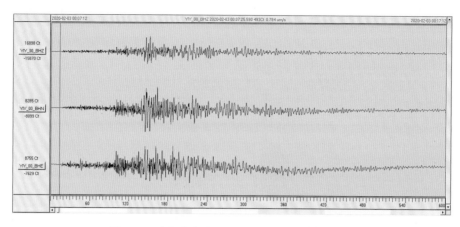

图 9-29　成都市青白江区 5.1 级地震记录波形图

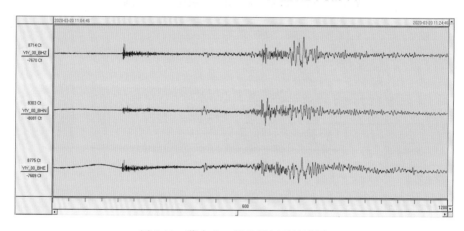

图 9-30　蒙古 5.9 级地震记录波形图

（3）中国四川甘孜州石渠县 5.6 级地震

中国地震台网正式测定：2020 年 4 月 1 日 20 时 23 分在四川甘孜州石渠县（北纬 33.04°，东经 98.92°）发生 5.6 级地震，震源深度 10 km（图 9-31）。

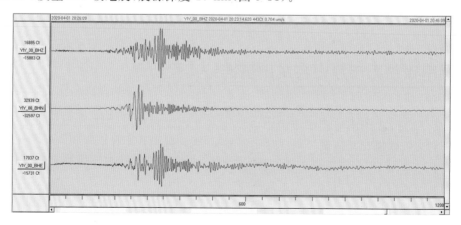

图 9-31　四川甘孜州石渠县 5.6 级地震记录波形图

（4）印度尼西亚班达海 7.2 级地震

中国地震台网正式测定：2020 年 5 月 6 日 21 时 53 分在印尼班达海（南纬 6.93°，东经

130.07001°)发生 7.2 级地震,震源深度 110 km(图 9-32)。

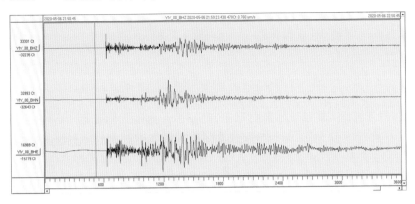

图 9-32　印度尼西亚班达海 7.2 级地震记录波形图

（5）中国台湾宜兰县海域 5.5 级地震

中国地震台网正式测定:2020 年 6 月 14 日 04 时 18 分在台湾宜兰县海域(北纬 24.29°,东经 122.41°)发生 5.5 级地震,震源深度 27 km(图 9-33)。

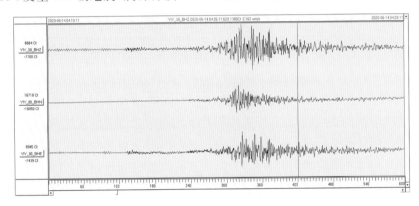

图 9-33　台湾宜兰县海域 5.5 级地震记录波形图

（6）新西兰克马德克群岛以南海域 7.3 级地震

中国地震台网正式测定:2020 年 6 月 18 日 20 时 49 分在新西兰克马德克群岛以南海域(南纬 33.35°,西经 177.85°)发生 7.3 级地震,震源深度 10 km(图 9-34)。

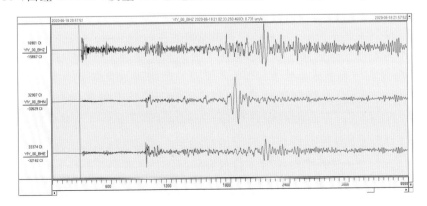

图 9-34　新西兰克马德克群岛以南海域 7.3 级地震记录波形图

（7）加罗林群岛地区 6.2 级地震

中国地震台网正式测定：2020 年 7 月 7 日 02 时 16 分在加罗林群岛地区（北纬 12.04°，东经 140.36°）发生 6.2 级地震，震源深度 20 km（图 9-35）。

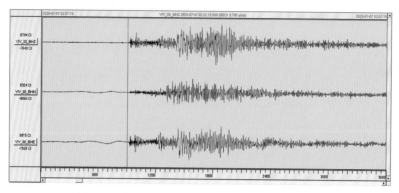

图 9-35　加罗林群岛地区 6.2 级地震记录波形图

（8）中国河北唐山市古冶区 5.1 级地震

中国地震台网正式测定：2020 年 7 月 12 日 06 时 38 分在河北唐山市古冶区（北纬 39.78°，东经 118.44°）发生 5.1 级地震，震源深度 10 km（图 9-36）。

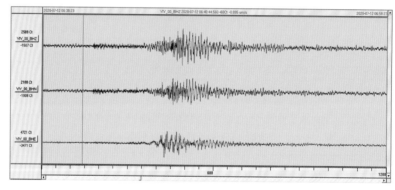

图 9-36　河北唐山市古冶区 5.1 级地震记录波形图

（9）菲律宾棉兰老岛附近海域 5.5 级地震

中国地震台网正式测定：2020 年 9 月 21 日 06 时 13 分在菲律宾棉兰老岛附近海域（北纬 9.35°，东经 127.03°）发生 5.5 级地震，震源深度 50 km（图 9-37）。

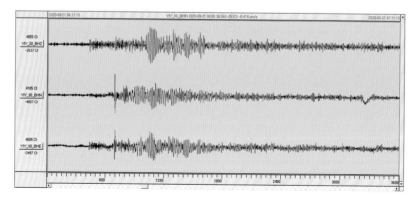

图 9-37　菲律宾棉兰老岛附近海域 5.5 级地震记录波形图

（10）中国湖北恩施州巴东县 3.0 级地震

中国地震台网正式测定：2020 年 10 月 2 日 19 时 21 分在湖北恩施州巴东县（北纬 30.62°，东经 110.33°）发生 3.0 级地震，震源深度 7 km（图 9-38）。

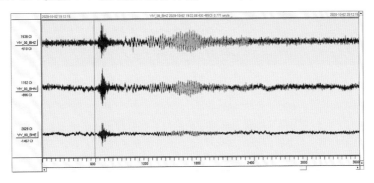

图 9-38　湖北恩施州巴东县 3.0 级地震记录波形图

（11）印度尼西亚苏门答腊岛南部海域 5.8 级地震和 5.6 级地震

中国地震台网正式测定：2020 年 10 月 19 日 15 时 31 分在印度尼西亚苏门答腊岛南部海域（南纬 3.35°，东经 100.25°）发生 5.8 级地震，震源深度 10 km。

中国地震台网正式测定：2020 年 10 月 19 日 15 时 47 分在印度尼西亚苏门答腊岛南部海域（南纬 3.35°，东经 100.25°）发生 5.6 级地震，震源深度 10 km（图 9-39）。

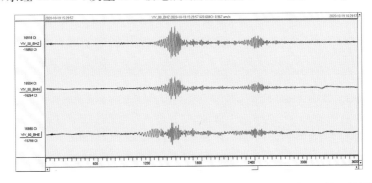

图 9-39　印度尼西亚苏门答腊岛南部海域 5.8 级地震和 5.6 级地震记录波形图

（12）中国四川绵阳市北川县 4.7 级地震

中国地震台网正式测定：2020 年 10 月 22 日 11 时 03 分在四川绵阳市北川县（北纬 31.83°，东经 104.18°）发生 4.7 级地震，震源深度 20 km（图 9-40）。

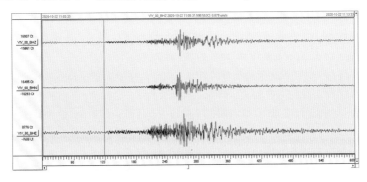

图 9-40　四川绵阳市北川县 4.7 级地震记录波形图

参考文献

陈斐,薛梅,2021.2011 年日本 MW9.0 地震引发的海啸对地震背景噪声的影响[J].地震学报,43(4):1-17.

陈鹏,2012.平均无故障时间(MTBF)的概述与应用[J].电子产品可靠性与环境试验,30(SI):272-276.

陈兴东,梅卫萍,2006.地震观测仪器的现场总线技术[J].地震地磁观测与研究,27(1):74-78.

陈阳,崔仁胜,朱小毅,等,2020.物联网 MQTT 协议在地震波形实时传输中的应用[J].地球物理进展,35(4):1232-1237.

陈运泰,2007.地震预测—进展、困难与前景[J].地震地磁观测与研究,28(2):1-24.

崔庆谷,2003.反馈式地震计的性能设计与噪声测量研究[D].北京:中国地震局地球物理研究所.

董树文,李廷东,2009.Sino Probe——中国深部探测实验[J].地质学报,83(7):895-909.

段苟苟,李邓化,2014.光纤陀螺寻北仪连续旋转寻北方案及算法研究[J].仪器仪表学报,35(4):801-806.

范业彤,2018.力平衡反馈式地震计机械摆有限元建模与设计[D].河北:防灾科技学院.

冯德益,范广伟,1986.国内外井下地震波观测与分析的现状综述[J].国际地震动态(9):1-9.

冯德益,张少泉,卫鹏飞,王俊国,等,1990.深井观测地震波典型记录与分析应用[M].北京:地震出版社.

葛洪魁,陈海潮,欧阳飙,等,2013.流动地震观测背景噪声的台基响应[J].地球物理学报,36(3):857-868.

何彦,王宝柱,宋太成,等,2006.新疆数字地震台站观测动态范围和台基噪声的分析[J].内陆地震,20(2):178-179.

胡履端,1989.JD-2 型深井地震仪密封技术[C]//李凤杰,等.深井地震波观测研究.北京:学术期刊出版社.

胡履端,周鹤鸣,张伟清,等,2005.JD-2F 型井下地震计[J].地震与地磁观测研究(1):73-77.

胡履端,王蕤,李芸,等,2006.JDF-1 型井下地震计的设计与应用[J].物探与化探,30(3):247-249.

胡米东,2013.江苏省部分地震台站 CMG-3TB 地震计监测能力对比分析[J].华北地震科学,31(1):64-68.

胡米东,毛华锋,陈启林,等,2018.江苏地区 CMG-3TB 地震计运行分析[J].四川地震,2018(3):36-40.

胡湘洪,高军,李劲,等,2015.可靠性试验[M].北京:电子工业出版社.

黄中华,金波,刘少军,2007.深海高压舱密封性能评价研究[J].浙江大学学报(工科版),41(5):790-793.

李彩华,2014.地震计自噪声测试研究[D].中国地震局地球物理研究所.

李凤杰,等,1989.深井地震波观测研究[M].北京:学术期刊出版社.

李丽,罗新恒,关作金,等,2016.我国井下甚宽频带地震仪研制与应用开发新进展[J].国际地震动态(10):1-3.

李少睿,毛国良,王党席,等,2016.井下地震计方位角检测技术应用研究[J].地球物理学报,59(1),299-310.

李世愚,和泰名,尹祥础,2015.岩石断裂力学[M].北京:科学出版社.

林新荣,2008.CAN 总线与 RS422A 通信适配器的设计与实现及抗干扰分析[D].哈尔滨:哈尔滨工程大学.

刘策,贾桑,许晶,等,2012.石油测井仪器承压外壳强度计算实用方法探究[J].石油仪器,26(4):16-17.

刘桂生,罗新恒,张国育,2003.TDE-324C 地震数据采集器的设计[J].地震地磁观测与研究,24(2):10-17.

刘炜健,黄颂,林俊,2021.恩施地震台背景噪声特征分析[J].科学技术创新(18):122-125.

刘洋君,薛兵,朱小毅,林湛,2010.地震计自噪噪声的研究[J].地震,30(1).

刘耀炜,陆斌,孙晓龙,2006.台湾车笼埔断层深井钻探计划(TCDP)概述[J].国际地震动态,2006(2):34-40.

卢振恒,1982.日本地震深井观测网综述[J].地震学刊,82(1):68-72.

吕中育,王本吉,1990. 论环境因素对数字地震仪可靠性的影响[J]. 石油仪器,1990(1):40-44.

马洁美,2006. 基于斜对称轴结构的差容式力平衡地震计的研制[D]. 北京:中国地震局地球物理研究所.

马毅超,2011. 大规模陆上地震仪器中高速可靠数据传输方法的研究[D]. 合肥:中国科学技术大学.

潘勇,黄进永,胡宁,2015. 可靠性概论[M]. 北京:电子工业出版社.

齐军伟,2016. 井下地震计关键技术研究与实验[D]. 武汉:中国地震局地震研究所.

秦英孝,2002. 可靠性、维修性、保障性概论[M]. 北京:国防工业出版社.

孙其政,吴书贵,2007. 中国地震监测预报40年(1966—2006)[M]. 北京:地震出版社.

谭茂金,郭越,2013. 国内外地震科学钻探与测井技术应用[J]. 地震,33(4):225-237.

陶爱华,罗瑜林,高辉,等,2010. 测井仪器承压金属外壳的强度计算[J]. 现代商贸工业(15):356-357.

田薇薇,1991. 井下耐高压外壳结构的强度及密封计算[J]. 声学与电子工程(4):38-41.

汪开义,2018. 井下仪器外壳设计要点[J]. 石化技术(8):315.

王芳,李丽,王宝善,2017. 普洱大寨深井噪声压制效果及井孔附近波场特征研究[J]. 地震学报,39(6):831-847.

王俊国,1990. 深井观测地震波分析(讲座)[J]. 地震地磁观测与研究(6):51-77.

吴富春,许俊奇,赵进利,等,1990. 地形影响地面运动的观测研究[J]. 地球物理学报,33(2):186-195.

谢少锋,张增照,聂国健,2015. 可靠性设计[M]. 北京:电子工业出版社.

徐果明,周惠兰,1982. 地震学原理[M]. 北京:科学出版社.

徐海刚,郭宗本,2010a. 一种实用旋转调制式陀螺寻北仪的设计[J]. 兵工学报,31(5):616-619.

徐海刚,郭宗本,2010b. 旋转式光纤陀螺寻北仪研究[J]. 压电与声光,32(1):38-41.

徐纪人,赵志新,徐志琴,等,2004. 大陆科学钻探与深井地球物理长期观测研究最新进展[J]. 地质通报,23(8):721-727.

徐纪人,赵志新,2006. 深井地球物理长期观测的最新进展及其前景[J]. 地球科学,31(4):557-563.

徐纪人,赵志新,2009. 深井地球物理观测的最新进展与中国大陆科学钻探长期观测[J]. 地球物理学进展,24(4):1176-1182.

徐志琴,李海兵,吴忠良,2008. 汶川地震和科学钻探[J]. 地质学报,82(12):1613-1622.

许忠淮,2019. 应重视大地震预测物理基础的研究[J]. 地震,39(2):11-18.

杨娟,2008. RS-485总线通讯可靠性设计措施[J]. 大众科技(4):45-45.

易碧金,2008. 地震仪器中应用的数据传输技术[J]. 物探装备,18(6):354-360.

尹昕忠,陈九辉,李顺成,等,2013. 流动宽频带地震计自噪声测试研究[J]. 地震地质,35(3):576-582.

张德宁,万健如,韩延明,等,2006. 光纤陀螺寻北仪原理及其应用[J]. 航海技术(1):37-38.

张乐,邹剑,张志熊,等,2020. "O"型橡胶密封圈在井下仪器的应用研究[J]. 中国石油和化工标准与质量(5):193-195.

张少泉,李凤杰,林云松,等,1988. 井下记录振幅随深度变化的对数模型(上)[J]. 地震地磁观测与研究,9(2):77-84.

张少泉,杨懋源,郭建民,等,1992. 深井观测地震波的研究[J]. 中国地震,8(1):83-94.

中国地震局监测预报司,2017. 测震学原理与方法[M]. 北京:地震出版社.

朱烈光,2010. 浅谈RS-422与RS-485总线[J]. 高科技与产业化(3):81-82.

朱音杰,刘檀,丁成,等,2017. 赵县地震台地表及深井地震计观测数据对比分析[J]. 地震地磁观测与研究,38(3):164-170.

BANKA D,CROSSLEY D,1999. Noise levels of superconducting gravimeters at seismic frequencies[J]. Geophysical Journal,139:87-97.

DOUZE E J,1964. Signal and noise in deep wells [J]. Geophysics,29(5):721-732.

DOUZE E J,1966. Noise attention in shallow holes[J]. BSSA,56(3):619-632.

GALPERIN E I,NERSESOV I L,GALPERINA R M,1986. Borehole seismology and the study of the seismic regime of large industrial centres[M]. Dordrecht:D. REIDEL PUBLISHING COMPANY.

GUPTA I N ,1965. Standing-wave phenomena in short—period seismic noise[J]. Geophysics,30(6):1179.

HARDAGE B A,1981. An examination of tube wave noise in vertical seismic profiling data[J]. Geophysics,46(6):892-903.

JON P,1993. Observation and modeling of seismic background noise[R]. USGS Open-File Report:93-322.

KAFKA A L,WEIDNER D J,1979. The focal mechanisms and depths of small earthquakes as determined from rayleigh wave radiation patterns[J].Bulletin of the Seismological Society of America,69(5):1379-1390.

KANASEWICH E R, 1973. Time sequence analysis in geophysics[M]. Edmonton: The University of Alberta Press.

LEVIN F K,LYNN R D,1958. Deep-Hole geophone studies[J]. Geophysics,23(4).

MACK H,1966. Attenuation of controlled wave seismograph signals observed in cased boreholes. Geophysics,31：243-252.

MELTON B S, 1976. The sensitivity and dynamic range of inertial seismographs[J]. Reviews of Geophysics , 14(1):93-116.

RHIE J,ROMANOWICZ B,2004. Excitation of Earth's continuous free oscillations by atmosphere-ocean-seafloor coupling[J]. Nature,431(7008):552-556.

RHIE J,ROMANOWICZ B,2006. A study of the relation between ocean storms and the Earth's hum[J]. Geochem Geophys Geosyst,7(10):Q10004.

SCHOLZ C H, SYKES L R, AGGARWAL Y P,1973. Earthquake prediction：a physical basis[J]. Science , 181(4102)：803-810.

SCHOLZ C H ,2010. The prediction puzzle[J]. Science,327(5969)： 1082.

TAKAHASHI H, TAKAHASHI M, SUZUKI H,et al,1984. Deep borehole observation of crustal activity in the metropolitan area of Japan[J]. Earthquake Prediction：67-78.

TANIMOTO T,2005. The oceanic excitation hypothesis for the continuous oscillations of the Earth[J]. Geophys J Int,160(1):276-288.

TONI F,2014. Scoping out the North American continent,10 years on[J].Physics Today,67(1):19-21.

VAN SANDT D R, LEVIN F K, 1963. A study of cased and open holes for deep-hole seismic detection[J]. Geophysics, 28(1):8-13.

WIELANDT E, 2002. Seismic sensors and their calibration[C]// Bormann P , Bergmann E . New Manual of Seismological Observatory Practice. Potsdam:GeoForschungsZentrum.

WILLMORE P L ,1979. Manual of seismological observatory practice[M]. Boulder Colorado ：World Data Center A for Solid Earth Geophysics.

広野卓蔵,末広重二,古田美佐夫,等,1969.地中地震計によるバックグラウンドノイズの研究[J]. Meteorology and Geophysics,20(2):189-206.

山本英二,濱田和郎,笠原敬司,1975.岩枷深井观测所ひのベックゲラウンド・ノイズなよひれむ媒体とすめノイズの除去[J].地震,28:171-180.